U0209000

新视野电子电气科技丛书

A SOFTWARE SIMULATION EXPERIMENT COURSE
OF ELECTRONIC CIRCUIT

电子电路软件仿真实验教程

田金鹏　王瑞　编著

清华大学出版社
北京

内 容 简 介

本书是在王瑞等编写的《电路电子技术实验仿真与设计教程》基础上,结合 Multisim 实验仿真教学实际并吸收其他学校经验编写而成。全书分为"实验概论""Multisim 入门实验""电路、信号与系统""模拟电子技术""数字电子技术""电工技术""MATLAB 仿真技术"7 篇,对教材的体系结构和内容进行了调整、完善和扩充。希望读者通过本书的学习,掌握基本的实验理论知识与技能和基础设计的方法,为今后进行系统、综合设计及数据分析打下良好的基础。

图书在版编目(CIP)数据

电子电路软件仿真实验教程/田金鹏,王瑞编著.—北京:清华大学出版社,2020.5
(新视野电子电气科技丛书)
ISBN 978-7-302-54613-9

Ⅰ.①电…　Ⅱ.①田…②王…　Ⅲ.①电子电路—软件仿真—实验—教材　Ⅳ.①TN710-33

中国版本图书馆 CIP 数据核字(2020)第 002519 号

责任编辑:文　怡　李　晔
封面设计:王昭红
责任校对:李建庄
责任印制:杨　艳

出版发行:清华大学出版社
　　　　网　　　址:http://www.tup.com.cn,http://www.wqbook.com
　　　　地　　　址:北京清华大学学研大厦 A 座　　　　邮　　编:100084
　　　　社 总 机:010-62770175　　　　邮　　购:010-62786544
　　　　投稿与读者服务:010-62776969,c-service@tup.tsinghua.edu.cn
　　　　质量反馈:010-62772015,zhiliang@tup.tsinghua.edu.cn
　　　　课件下载:http://www.tup.com.cn,010-83470236
印 装 者:小森印刷霸州有限公司
经　　销:全国新华书店
开　　本:185mm×260mm　　印　张:16.5　　字　　数:402 千字
版　　次:2020 年 6 月第 1 版　　印　　次:2020 年 6 月第 1 次印刷
印　　数:1～1500
定　　价:69.00 元

产品编号:083023-01

FOREWORD

为帮助学生在学习"电路与信号系统""电子技术基础（模拟、数字）""电工学"课程的同时，加强仿真操作技能的培养，特编写本书以帮助学生进一步理解书本知识，做到理论联系实践，真正为培养电子信息类专业高等技术人才打好基础。

本书是在王瑞等编写的《电子电工实验技术仿真与设计教程》及何平等编写的《电路电子技术实验及设计教程》的基础上，结合 Multisim 及 MATLAB 实验仿真教学实际并总结经验编写而成。本书对以往所用教材的体系结构和内容进行了调整、完善和扩充，增加了"Multisim 入门实验"和"MATLAB 仿真技术"部分，希望读者通过本书的学习，能够有效利用现代软件仿真工具，掌握基本的实验理论知识与技能，同时还能掌握一些基础的设计方法，为今后进行系统设计、综合设计打下良好的基础。

本书的编写以上海大学电子电工实验中心教学平台为基础，实验中心设有电路信号与系统实验室、电子电工学实验室、模拟电子线路实验室、数字逻辑电路实验室及 CPLD 实验室，配合学校计算中心，可实行实验课程独立设置，以掌握基本实验技能为基础，以验证性、综合性、设计性实验为主体，配套综合性的课程设计，以开展工程教育，结合工程实际课题进行开发研究为提高的分层次、多模块、递进式教学模式，遵循学生的认知规律，尽最大努力培养学生知识、能力、素质协调发展，密切跟踪社会对人才需求动向，培养基础扎实、适应能力强、竞争能力强的社会需求人才。经过多年的探索与发展，相关教学在基础实验、技能训练、创新设计、机制保障 4 个方面有所发展和提高，基本形成了多功能、开放式、现代化的新的电子电工实验教学模式。

本书介绍 Multisim 仿真软件对各种电路系统仿真及 MATLAB 软件对数据的处理。为学习本课程，读者应有一定的相关电路分析、信号处理及计算机应用基础。本书与电路分析、模拟电子、数字电子、电工技术、信号与系统、数字信号处理等理论课程关系密切，但分析问题着眼点有所不同，理论课程侧重于理论分析与推导计算，而本书侧重于实际电路、工程应用及验算分析。

全书共包含 7 篇。第一篇实验概论，主要介绍了 Multisim 及 MATLAB 软件的基础使用方法；第二篇 Multisim 入门实验，开设了 5 个 Multisim 基本实验，让学生对 Multisim 软件简单掌握；第三篇至第六篇分别针对"电路、信号与系统"（13 个实验）、"模拟电子技术"（12 个实验）、"数字电子技术"（8 个实验）、"电工技术"（3 个实验）几门课程开设相应的仿真实验；第七篇 MATLAB 仿真技术（7 个实验），完成对 MATLAB 的基本操作及数字信号处理方面的典型应用实验。

针对不同的课程，本书设置了从基础到应用的不同难度的实验，可作为全日制本科电路及通信相关专业实验教材,可根据课程设置与要求,灵活选择相适应的实验项目。

本书第一篇"实验概论"、第三篇"电路、信号与系统"由王瑞编写,第二篇"Multisim 入门"、第四篇"模拟电子技术"由冯玉田编写,第五篇"数字电子技术"由袁文燕编写,第六篇"电工技术"、第七篇"MATLAB 仿真技术"由田金鹏编写。田金鹏负责全书的统稿和审稿。

本书在编写过程中,得到了上海大学通信学院领导的关心和支持,以及电子电工实验中心的老师们的大力支持和帮助,尤其是何平、陶慧君、王旭智老师,在此表示衷心的感谢!

由于计算机仿真技术在不断发展,相关软件不断更新,加之作者水平有限,书中难免有错漏、不妥之处,恳请使用本书的读者批评指正。

编　者

2020 年 4 月

CONTENTS

第一篇 实 验 概 论

第二篇 Multisim 入门实验

第三篇 电路、信号与系统

第四篇 模拟电子技术

第五篇　　数字电子技术

第六篇　　电 工 技 术

第七篇　　MATLAB 仿真技术

第一篇　实验概论

一、实验教学的基本要求

为了学好电路、信号与系统实验技术，模拟、数字电子实验技术，电工实验技术课程，培养严谨、踏实、实事求是的科学作风，充分发挥学生的主观能动性，养成正确、良好的操作习惯，应做到以下几点。

（一）实验前做好预习准备

（1）仔细阅读教材及实验指导书中的内容，明确实验目的、内容、要求、方法及本实验的注意事项。掌握实验基本原理，熟悉实验线路和步骤。为了避免盲目进行实验，实验前要求每个学生必须进行预习。

（2）明确实验中要观察的现象、记录的实验数据，以及实验中的注意事项。

（3）学生只有在认真预习上述内容并写好预习报告的基础上，才能到实验室进行实验，预习不合格的学生不得参加本次实验。

（4）预习报告的要求。

实验前应阅读实验教程的有关内容并做好预习报告，预习报告有以下内容：

① 实验名称。实验名称是对实验内容的最好概括。通过实验名称，实验设计人员、实验操作人员才能明白自己在进行什么实验，并围绕实验的中心内容开展一系列的工作。

② 画好实验中所有的实验电路图，拟定所有数据记录和有关内容的表格。

③ 回答实验教程中的预习要求。

（二）实验中认真做好实验

（1）学生在进入实验环境后，必须认真学习实验软件的用法，然后逐一完成各项要求。

（2）连接实验线路。

① 在虚拟电路板上，合理布置实验器材与设备。遵循的原则为：布局整齐、合理、正确，连线简单清晰，方便操作。

② 接线时，要考虑仪表极性、参考方向、公共参考点与电路图的对应位置，最后再打开虚拟电源开关，观察实验现象。

（3）故障检查。

实验中要胆大心细，一丝不苟，认真观察实验现象，仔细读取实验数据，随时分析实验结果的合理性。如发生故障，应独立思考、耐心排除，并记下排除故障过程和方法。查找故障的顺序可以从输入到输出，也可以从输出到输入。

（三）实验后写好实验报告

实验后要求学生认真写好实验报告。实验报告是对整个实验教学过程的全面总结，是对学生的一项基本训练。一份好的实验报告是一项成功实验的最好证明，要求用简洁的形式，将实验结果完整和真实地表达出来。

实验报告要求文理通顺、简明扼要、字迹端正、图表清晰、结论准确、分析合理、讨论深入。采用专用纸张,其他纸张一律不能使用,按照统一格式。

(1) 基础性实验报告内容一般应包括如下几项内容:

① 实验名称。

② 实验目的。

③ 简述实验原理。

④ 实验结果的整理与分析。包括:

a. 方框图、状态图、真值表、逻辑图,对于设计性课题应有整个设计过程和关键的设计方法和说明。

b. 对实验结果进行分析与整理,包括与估算结果的比较、误差原因和实验故障原因的分析,得出结论。

⑤ 总结本次实验的心得体会和收获。

⑥ 实验原始记录。作为完整的实验文件,实验报告应附有教师签字后的实验数据记录,否则无效。实验报告应在下次做实验时交给教师,不交者不得做下一个实验。

(2) 设计性实验报告的要求。

① 设计任务、指标。

② 电路原理。首先要用总体框图说明,然后结合框图逐一介绍各个单元的工作原理。

③ 单元电路的设计与调试。选择电路形式、电路设计(对所选电路中的各元件值进行定量计算或估算)、电路的接线、整体调试与测试(测量主要技术指标:说明各项技术指标的测量方法、画出测试原理图、记录并整理实验数据),故障分析及说明,画出整体电路原理图(标出调试后的各元件参数值)。

④ 误差分析。

⑤ 电路改进意见及本次实验的心得体会。

二、Multisim 10 软件简介

Multisim 是一个完整的设计工具系统,提供了一个庞大的元件数据库,并提供原理图输入接口、全部的数模 SPICE(Simulation Program with Integrated Circuit Emphasis)仿真功能、VHDL/Verilog 设计接口与仿真功能、FPGA/CPLD 综合、RF 射频设计能力和后处理功能,还可以进行从原理图到 PCB 布线工具包(如 Electronics Workbench 的 Ultiboard)的无缝数据传输。它提供的单一易用的图形输入接口可以满足使用者的设计需求。Multisim 提供了全部先进的设计功能,满足使用者从参数到产品的设计要求。因为程序将原理图输入、仿真和可编程逻辑器件紧密集成,所以使用者可以放心地进行设计工作,不必顾及不同供应商的应用程序之间传递数据时出现的问题。

Multisim 10 是美国 NI 公司推出的 Multisim 版本,是该公司电子线路仿真软件的最新版本。目前 NI 公司的 EWB 包含电子电路仿真设计的模块 Multisim、PCB 设计软件、布线引擎 Ultiroute 及通信电路分析及设计模块 CommSIM 四个部分,四个部分相互独立,可以分别使用。这四个部分又分为增强专业版、专业版、个人版、教育版、学生版和演示版等多个版本,各版本的功能和价格有着明显的差异。

　　Multisim 10 用软件的方法虚拟电子与电工元件以及电子与电工仪器和仪表，通过软件将元件和仪器集合为一体。它是一个完成原理电路设计、电路功能测试的虚拟仿真软件。Multisim 10 的元件库提供数千种电路元件供实验选用。同时也可以新建或扩展已有的元件库，而且建库所需的元件参数可以从生产厂商的产品使用手册中查到，因此可很方便地在工程设计中使用。Multisim 10 的虚拟测试仪器、仪表种类齐全，有一般实验用的通用仪器，如万用表、函数信号发生器、双踪示波器、直流电源等，还有一般实验室少有或者没有的仪器，如波特图仪、数字信号发生器、逻辑分析仪、逻辑转换器、失真仪、安捷伦万用表、安捷伦示波器、泰克示波器等。Multisim 10 具有较为详细的电路分析功能，可以完成电路的瞬态分析、稳态分析等各种电路分析方法，以帮助设计人员分析电路性能。它还可以设计、测试和演示各种电子电路，包括电工电路、模拟电路、数字电路、射频电路及部分微分接口电路等。该软件还具有强大的 Help 功能，其 Help 系统不仅包括软件本身的操作指南，更重要的是包含元件的功能说明。Help 中这种元件功能说明有利于使用 Multisim 10 进行 CAI 教学。

　　利用 Multisim 10 可以实现计算机仿真设计与虚拟实验，与传统的电子电路设计与实验方法相比，具有如下特点：设计与实验可以同步进行，可以边设计边实验，修改调试方便；设计和实验用的元件及测试仪器仪表齐全，可以完成各种类型的电路设计与实验；可以方便地对电路参数进行测试和分析；可以直接打印输出实验数据、测试参数、曲线和电路原理图；实验中不消耗实际的元件，实验所需元件的种类和数量不受限制，实验成本低，实验速度快，效率高；设计和实验成功的电路可以直接在产品中使用。

　　Multisim 10 易学易用，便于学生、工程技术人员学习和综合性的设计、实验，有利于培养综合分析能力、开发能力和创新能力。Multisim 同时也适合从事电子相关行业的人员使用。

三、Multisim 10 的基本使用方法

　　双击 Multisim 10 图标，将出现如图 1-3-1 所示的 Multisim 10 主窗口。其中最大的区域为电路编辑工作区，所有的电路设计、连接和仿真测试均可在此工作区进行。Multisim 10 主窗口包含菜单栏、工具栏、元件库和仪器工具栏。在工作区的右上角设有启动/停止和暂停/恢复开关。工作区的下方则为状态栏。

　　1. 菜单栏

　　菜单栏用于选择文件管理、创建电路和仿真分析等所需的各种命令，如图 1-3-2 所示。

　　2. 工具栏

　　(1) 系统工具栏。系统工具栏与 Windows 应用程序类似，提供常用的操作命令，单击某一按钮，可完成包括刷新电路工作区、打开电路文件、存盘、打印、缩放、剪切、复制、粘贴、调出仿真分析图、调出元件特性对话框、缩小电路尺寸、放大电路尺寸、缩放比例等各种相应的功能，如图 1-3-3 所示。

　　(2) 设计工具栏。设计工具栏指导用户进行电路的建立、仿真、分析，并最终输出设计数据。虽然菜单也可以执行设计功能，但使用设计工具栏可以更加方便地进行电路设计，如图 1-3-4 所示。

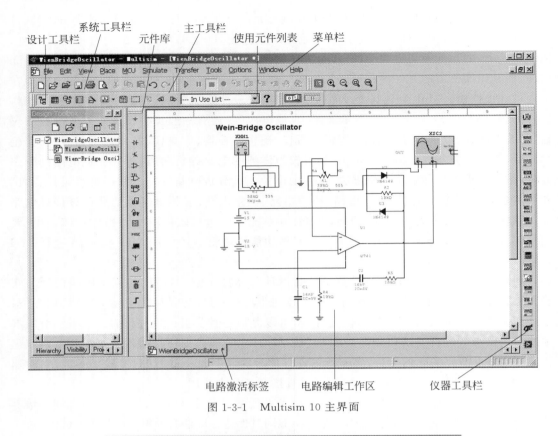

图 1-3-1   Multisim 10 主界面

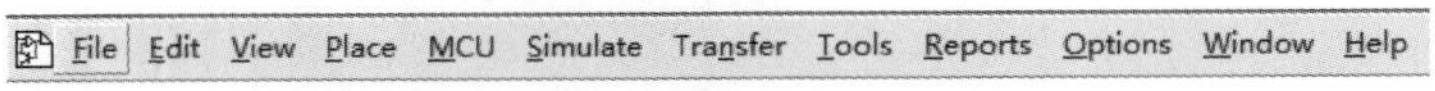

图 1-3-2   Multisim 菜单栏

图 1-3-3   Multisim 系统工具栏

图 1-3-4   设计工具栏

设计工具栏包括层次项目栏按钮、层次项目电子数据表按钮、数据库管理按钮、元件编辑器按钮(增加元件)、仿真按钮、分析图表按钮、后处理按钮、帮助等。

(3) 仪器工具栏(View→Toolbars→Instruments)。仪器工具栏包括 18 种虚拟仪器和 3 种测量仪器,如图 1-3-5 所示。

图 1-3-5   仪器工具栏

18 种虚拟仪器包括数字万用表、信号发生器、功率表、双通道示波器、四通道示波器、波特图仪、频率计数器、数字信号发生器、逻辑分析仪、逻辑转换器、IV 特性分析仪、失真度分析仪、频谱分析仪、网络分析仪、函数信号发生器、台式万用表、100MHz 示波器、200MHz 示波器等。

　　另外,工具栏还有其他 3 种测量仪器,如图 1-3-6 所示。一是电流实时测量探针;二是虚拟实验工具:麦克风、扬声器、信号分析器、信号发生器等;三是实时测量探针,可以根据实验需要选择不同的测量项目,如交流、直流电压(电流)等。

　　(4) 仿真开关(Simulation)。在 Multisim 10 主窗口的右上角还设有启动/停止开关 [如图 1-3-7(a)所示]和暂停/恢复开关[如图 1-3-7(b)所示],可以控制电路仿真的开始、暂停、结束。如果在 Multisim 10 中打开多个文件,但每种仪器仪表只允许在其中一个电路中工作,改线、换线都需要断开仿真开关。开关为灰色时不能使用。

(a) 启动/停止开关　　　　(b) 暂停/恢复开关

图 1-3-6　其他工具栏　　　　　　图 1-3-7　仿真开关

　　(5) 状态栏。

　　工作区的下方为状态栏,显示主窗口的多个项目,用翻页的方法选择当前窗口。另外,状态栏的右下角为状态条,可显示电路当前的状态,若状态条为绿色,则表示电路正在进行仿真,这时不能进行电路的任何操作(如更换元件、断开导线等)。

　　3. 元件库

　　1) 实际元件库

　　实际元件库提供了丰富的元件,单击某一图标可打开该库,实际元件是有封装的真实元件,参数是确定的,不可任意改变。

　　实际元件库如图 1-3-8 所示,图中各库依次为:

图 1-3-8　实际元件库

　　电源/信号源库:功率源、信号电压源、控制电压源、控制电流源、控制函数器件。

　　基本元件库:包括基本虚拟元件、定额虚拟元件、3D 虚拟元件、电阻、小型电阻、电位器、电容、电解电容、小型电容、可变电容、电感、小型电感、可变电感、开关、变压器、非线性变压器、复数负载、继电器、连接器、插座、常用绘图器件等常用的无源器件。

　　二极管库:包括虚拟二极管元件、二极管、稳压管、发光二极管、桥式整流器、晶闸管(可控硅)整流器、双向晶闸管(可控硅)、变容二极管等。

　　晶体管库:包括晶体管虚拟元件、三极管(NPN)、三极管(PNP)、达林顿 NPN、达林顿 PNP、达林顿管集成阵列、三极管阵列、N 沟道耗尽型金属-氧化物-半导体场效应管、P 沟道增强型金属-氧化物-半导体场效应管、N 沟道增强型金属-氧化物-半导体场效应管、N 沟道耗尽型结型场效应管、P 沟道耗尽型结型场效应管、N 沟道 MOS 功率管、P 沟道 MOS 功率管、MOS 功率对管、UJT 管、温度模型等。

　　模拟集成电路库:包括数学模型虚拟元件、运算放大器、诺顿运算放大器、电压比较器、多种频率的放大器、特殊功能等。

　　TTL 数字器件库:包括 74 标准系列、74S 系列、74LS 系列、74F 系列、74ALS 系列、

74AS 系列。

COMS 数字元件库：包括 CMOS 工艺 40 系列(5V 电压)、CMOS 工艺 74HC 系列(2V 电压)、40 系列(10V 电压)、74HC 系列(4V 电压)、40 系列(15V 电压)、74HC 系列(6V 电压)、CMOS 工艺 NC7S 系列(2V 电压)、NC7S 系列(3V 电压)、NC7S 系列(4V 电压)、NC7S 系列(5V 电压)、NC7S 系列(6V 电压)。

其他数字器件库(MultiMCU)：包括 80 系列单片机、PIC16F 系列芯片、读/写存储器、只读存储器。

单片机外围设备库：包括键盘组件、LCD 系列显示屏、液晶屏、电机传动/交通灯等组件。

混合数字集成元件库(用 VHDL、Verilog-HDL 等高级语言编辑的模型，功能与 Spice 编辑的器件相同)：包括与门(或、非等数字器件)、DSP 芯片、FPGA 芯片(在线可编程逻辑器件)、PLD 芯片(可编程逻辑器件)、CPLD 芯片(复杂可编程逻辑器件)、微控制器、微处理器、以 VHDL 为内核的标准 IC、"线"信号收发(或驱动器件，用于 RS232 接口)。

模数混合元件库：包括混合虚拟元件、555 定时器、A/D 转换器、D/A 转换器、模拟开关、多谐振荡器等。

指示器件库：包括电压表、电流表、探针、蜂鸣器、灯、虚拟灯、十六进制-显示器、条柱显示。

杂项元件库：包括多功能虚拟器件、传感器(或转换器)、光电耦合器、石英晶体、真空电子管、熔丝、稳压器模块、标准稳压电源模块、标记转换器、增强转换器、标记-增强转换器、有损耗传输线、无损耗线路 1、无损耗线路 2、过滤器、金属氧化物场效应管驱动器、混合电源模块、脉宽调制控制器、网络、杂项元件组。

射频元件库：包括射频电容、射频电感、射频三极管(NPN)、射频三极管(PNP)、射频 N 沟道耗尽型 MOS 管、隧道二极管、带(状)线、铁氧体磁珠。

机电元件库：包括检测开关、瞬时开关、辅助开关、同步触点、线圈-继电器、变压器、保护装置、输出装置。

标记图标：包括 T 字横线、输入/输出模型、继电器线圈、继电器触点、计数器、定时器、输出线圈。

设置层次栏按钮。

设置总线按钮。

2) 虚拟元件库

在 View 菜单中，选择 Toolbars→Virtual 即可打开虚拟元件库。虚拟元件为蓝色，其中元件的参数可以随意修改。

图 1-3-9　虚拟元件库

虚拟元件库如图 1-3-9 所示。

模拟集成电路库：包括限流器、3 端理想运算放大器、5 端理想运算放大器。

基本元件库：电容、无心线圈、理想电感、磁心线圈、非线性变压器、电位器、继电器(常开)、继电器(常闭)、继电器(常开、常闭)、电阻、音频耦合线圈、多功能变压器、功率源变压器、变压器(可自定参数)、可变电容、可变电感、上拉电阻、压控电阻等常用的无源器件。

二极管库：包括二极管元件、稳压管。

FET 元件库：四端子双结型晶体管(NPN)、三极管(NPN)、四端子双结型晶体管

(PNP)、三极管(PNP)。N 沟道砷化镓场效应管、P 沟道砷化镓场效应管、N 沟道场效应管、P 沟道场效应管、N 沟道耗尽型金属-氧化物-半导体场效应管、P 沟道耗尽型金属-氧化物-半导体场效应管、N 沟道增强型金属-氧化物-半导体场效应管、P 沟道增强型金属-氧化物-半导体场效应管、N 沟道耗尽型结型场效应管、P 沟道耗尽型结型场效应管、N 沟道增强型结型场效应管、P 沟道增强型结型场效应管等。

测量元件库：直流电流表(4 个方向连接)、探针、直流电压表(4 个方向连接)。

杂项元件库：555 定时器、压控开关、晶体管振荡器、带译码驱动的十六进制 DCD、保险丝、灯、单稳态电路、直流电动机、光电耦合器、锁相环、共阳极七段数码管、共阴极七段数码管。

电源库：交流电压源、直流电压源、接地(数字地)、接地(模拟地)、三相电源(△)、三相电源(星形)、V_{cc} 电源(模拟电路)、V_{dd} 电源(数字电路)、V_{ee} 电源、V_{ss} 电源。

定值元件库：NPN 管、PNP 管、电容、二极管、电感、电动机、继电器(常开)、继电器(常闭)、继电器(常开、常闭)、电阻。

信号源库：交流电流源、交流电压源、调幅电压源、时钟脉冲电流源、时钟脉冲电压源、直流电流源、指数电流源、指数电压源、调频电流源、调频电压源、分段性电流源、分段性电压源、脉冲电流源、脉冲电压源、白噪声电压源。

4. Multisim 10 的电路创建

首先要在主窗口的电路工作区创建实验电路,通常是在主窗口(相当于一个虚拟的实验平台)直接选用元件连接成电路,再对此电路进行测量和分析。步骤与方法如下。

1) 元件的取用

Multisim 10 有 3 个层次的元件数据库：主数据库(Master Database)、合作项目数据库(Cooperate Database)、用户数据库(User Database),在库中有相应的元件组,各元件组中有不等数量、不同型号的元件,同时图中显示了该元件的功能符号、电路符号、模型提供商、引脚及封装类型,还提供了详细的说明资料、元件搜索、选择确定等按钮。

这里选择主数据库(Master Database)。

(1) 取用实际元件：单击所要取用元件所属的实际元件库,即可弹出该元件库。实际元件是指市场上可以买到的元件,其模型参数、封装形式都是元件供应商提供的,用其创建的电路通过后,可以生成能被 PCB 设计软件(如 Uitiboard、Protel 等)接受的文件,进而制作印制电路板。

(2) 虚拟元件取值：虚拟元件的参数值、元件编号等均可由使用者自定。单击所要取用元件所属的虚拟元件库,即可拉出该元件。选择虚拟元件创建的电路,只能用于仿真,不能将设计的文件传送到 PCB 制作工具中。

2) 元件的编辑

在创建电路时,常需要对元件进行移动、旋转、删除、复制、旋转、着色等编辑操作。此时首先要选中所要编辑的元件,然后右击,在出现的快捷菜单中选择相应的操作命令。

(1) 选择元件：选择单个元件时,单击某元件,则被选的元件将以红色显示。若要同时选中多个元件,可按住 Ctrl 键不放,再逐个单击所选元件,使它们都显示为红色,然后放开 Ctrl 键。若要选中一组相邻的元件,可用鼠标拖曳画出一个矩形区域把这些元件框起来,使它们都显示为红色。若要取消选中状态,可单击电路工作区的空白部分。

（2）移动元件：移动元件时，选中需要移动的元件，按住左键，拖动鼠标使元件到达合适位置后放开左键即可。或用上、下、左、右键进行微小移动。

删除和复制元件的方法与 Windows 中的删除和复制方法一样。

3）元件的赋值

从库中取出的元件其设置是默认值（又称缺省值），构建电路时需将它按电路要求进行赋值。具体方法为：选中该元件后单击工具栏的"元件特性"按钮，或直接双击该元件，使弹出相应的元件特性对话框，然后单击特性对话框的选项标签，进行相应的设置。通常是对元件进行标识和赋值。

注意：在虚拟元件栏中选择所需要的元件模型，做型号、模型等其他修改后只能用于仿真，不能将此图传送到 PCB 版图制作等工具中，也就是说，虚拟器件中不含封装模型。

（1）电阻、电容和电感等简单元件。

其元件特性对话框如图 1-3-10 所示。如要将某电阻标为 R1 并赋值 $15\text{k}\Omega$，则应在元件特性对话框中进行如下操作。

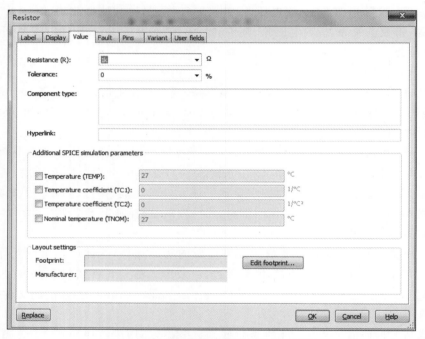

图 1-3-10　电阻等简单元件的特性对话框

单击 Label 标签进入 Label 对话框，输入标识符 R1（主要对虚拟器件进行修改）；单击数值选项 Value 进入 Value 对话框，输入电阻的阻值 15，并用图中的箭头按钮选中 $\text{k}\Omega$，再单击 OK 按钮即完成了对此电阻的赋值。电容和电感等的操作方法与此类似。

（2）晶体管和运放等复杂元件。

以三极管 2N2222A（$\beta=60$）为例，单击晶体管库按钮，在晶体管库中单击三极管符号，在 Component 中选择 2N2222A，单击 OK 按钮，即可将三极管放置在当前工作窗口；双击三极管 2N2222A 图标，弹出 BJT_NPN 对话框，如图 1-3-11 所示；单击 Edit model 选项，打开 Edit Mode 菜单，将 BF 选项（$\beta=296.463$）修改为 60（即 $\beta=60$）；单击 Edit Mode 菜单表格中的任一地方,选择 Change Part Mode,回到 BJT_NPN 对话框,单击 OK 按钮,即完成了三极管 2N2222A($\beta=60$)的修改过程。

图 1-3-11 三极管特性对话框

（3）电源/信号源设置。

单击电源/信号源库按钮,可出现电源/信号源库图标,如图 1-3-12 所示。单击 POWER_SOURCES,在 Component 列表框中选择 AC_POWER 选项,然后单击 OK 按钮即可。

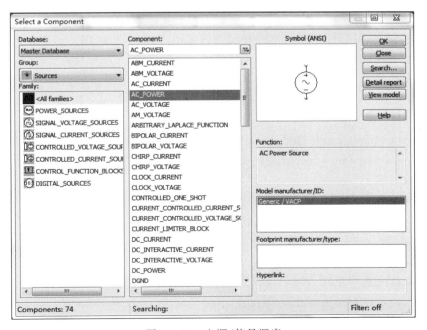

图 1-3-12 电源/信号源库

改变电源电压值,电源的默认值是 10V,双击电路编辑窗口中的电源符号,出现如图 1-3-13 所示的电源特性对话框,可以将交流电源改为 120V、频率改为 60Hz。

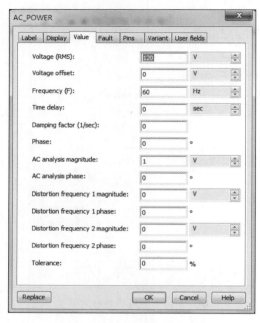

图 1-3-13   电源特性对话框

4) Multisim 10 界面

Multisim 10 界面包括工具栏、电路颜色、页尺寸、符号系统等,用户可以使用 Multisim 10 默认的界面,也可以自己设置 Multisim 10 界面。这种设置将会是所有后续电路的默认设置,但不影响当前已经绘制的电路。

在设计过程中,可以控制当前电路和元件的显示方式、细节层次等。

改变当前电路的设置,可以用 Options/Sheet Properties(菜单属性)进行设置,也可以在电路窗口中的空白处右击,在弹出式菜单中选择 Properties 进行设置。

Sheet Properties(菜单属性)包括 Circuit、Workspace、Wiring、Font、PCB、Visibility 等标签页。

Sheet Properties/Circuit 标签页,如图 1-3-14 所示。

(1) Show/Component,显示/关闭类别、元件编号、元件值、品质、元件的功能端口名、元件的外部端口名。

(2) Show/Net Names,显示所有节点编号、使用节点设置、隐藏所有节点。

(3) Show/Bus Entry,显示/关闭总线接入口名。

(4) Color,改变底色、元件颜色、连线颜色。

(5) Save as default,是否保存默认设置。

其他设置选项还可以用 View 菜单显示或隐藏各个选项,如系统工具栏、设计工具栏,这些更改对当前及以后所有的电路都有效。

另外,在 Options 主菜单中选择 Global Preferences,出现如图 1-3-15 所示对话框,选择 Paths,在 Symbol standard 栏选择美制(ANSI)或欧制符号(DIN)。

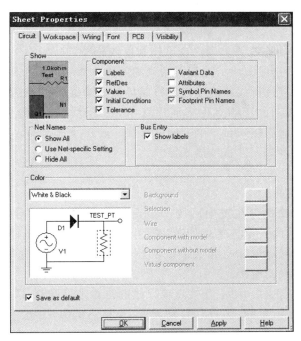

图 1-3-14 Sheet Properties/Circuit 选项

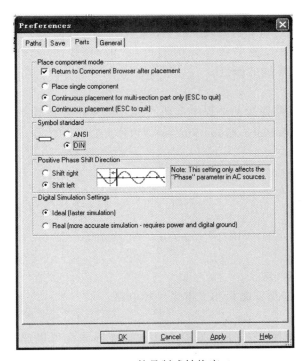

图 1-3-15 符号制式转换窗口

5）电路的连接

Multisim 10 提供两种连线方式：自动连线、手动连线。

（1）自动连线：自动连线选择引脚间最好的路径自动完成连线，可以避免连线通过元件或连线重叠。

（2）手动连线：手动连线要求用户自己控制连线路径。

大多数连线用自动连线完成。先将需用到的元件从相应的库中选出并拖曳至电路工作区，再在电路工作区直接进行线路的连接。将鼠标从一个元件的端点指向欲连线器件的端点即可完成连线。导线上的小圆点称为连接点，它会在连线时自动产生，也可以放置。注意，一个连接点最多只能连接来自 4 个方向的导线。若将元件拖曳放在导线上，并使元件引出线与导线重合，则可将该元件直接插入导线。

（3）编辑方法。

① 删除、改接与调整。

导线、连接点和元件都可在选中后按 Delete 键进行删除。对导线还可进行这样的操作：将鼠标指向该导线的一个连接点使其出现小圆点，然后按住鼠标左键拖曳该圆点使导线离开原来的连接点，释放鼠标左键则完成对连线的删除，而若将拖曳移开的导线连至另一个连接点，则可完成连线的改接。

在连接电路时，常需要对元件、连接点或导线的位置进行调整，以保证导线不扭曲、走向合理，并且电路连接简洁、可靠、美观。移动元件、连接点的方法为：选中后用上、下、左、右键微调。移动导线的方法是：将光标贴近该导线，然后按下鼠标左键，此时光标变成一个双向箭头，拖动鼠标，即可移动该导线。

② 导线颜色的设置。

复杂的电路连线或与仪器仪表连接时，使用不同的颜色将便于观察与区别。单条连线默认为红色。如果需要改变单条连线的颜色，右击，在弹出的快捷菜单中选择 Change Color，即可设置其连接导线的颜色。

③ 节点设置。

电路节点可以在电路连线的进程中自动产生。若另外需要节点时，将鼠标指针放在需要放置节点的地方，选择 Place→Junction ━┿━ 即可得到需要的节点。

④ 检查电路与保存。

连接完毕的电路图应仔细检查，确保连接的电路图正确无误并作为文件及时保存，以供以后仿真使用。第一次保存前需确定文件欲保存的路径和文件名。

6）显示栅格

打开 Options 菜单，选择 Sheet Properties/Workspace→Show grid，即可在电路工作区显示或隐藏栅格。

7）为电路增加文本

Multisim 10 允许增加标题栏和文本来注释电路。

（1）增加标题栏。

在 Place 菜单中，选择 Title Block，会有几种标准标题栏可供选择，根据要求选定后放于图中，双击后出现如图 1-3-16 所示的对话框，输入后单击"打开"按钮即可。

若要将标题栏中的"项目名称"等修改为中文，则右击标题栏，在弹出的如图 1-3-17 所示的快捷菜单中，选择 Edit Symbol/Title Block 选项，将出现图 1-3-18 所示的编辑窗口，就可以修改标题栏。

图 1-3-16　选择标题栏输入对话框

图 1-3-17　修改标题栏对话框

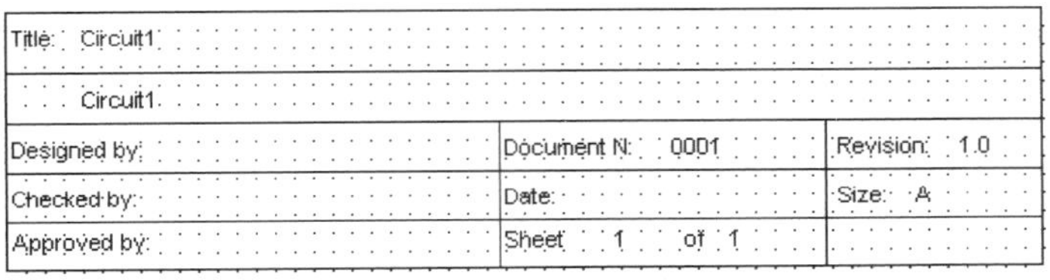

图 1-3-18　标题栏编辑窗口

（2）增加说明文本。

说明文本有多种，如电路功能说明、应用规则、输入/输出端口等。另外，在图 1-3-17 中，Move to 有 4 种放置标题栏的方法；在 Properties 中，可以输入标题栏的说明文本。

也可以在窗口空白处右击，在 Place Graphic 菜单中选择 Text 命令进入文本输入窗口，输入完毕后在文本框外单击，就可以结束输入，这时文本说明框就能够移动到需要的地方，如图 1-3-19 所示。

（3）增加注释。

在 Place 菜单中选择 Comment 命令，在其注释框中输入文字（也可输入中文），输入完毕后在文本框外单击，就可以结束输入，这时文本说明框就能够移动到需要的地方，以 图标出现在设计图上，如图 1-3-19 所示。右击 图标将弹出图 1-3-20 所示的快捷菜单，选择 Edit Comment 选项可以再修改，并可以选择 Show Comment/Probe 选项进行显示/隐藏说明框。也可选择 Properties 选项编辑属性。

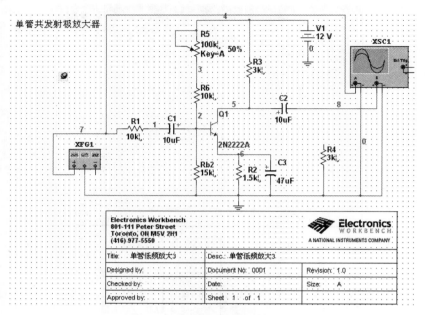

图 1-3-19　放置标题栏、说明文本

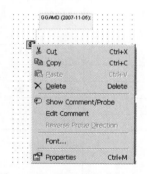

图 1-3-20　注释编辑菜单窗口

四、虚拟仪器仪表的使用

　　Multisim 10 的仪器仪表库提供了数字万用表、函数信号发生器、示波器、波特图仪、数字信号发生器、逻辑分析仪和逻辑转换仪等 18 种虚拟仪器,其图标如图 1-3-5 所示。指示器件库中提供了电压表和电流表,它们的使用方法与实际仪表相同,每种虚拟仪器只有一台,而指示器件库中的电压表和电流表则没有限制。

　　取用仪器仪表的方法,单击需要的仪器图标一直将其拖曳到电路工作区,然后松开鼠标左键,需要的仪器即可出现在电路工作区。

　　1. 数字万用表

　　双击拖至电路工作区的数字万用表图标可打开其面板,如图 1-4-1 所示。

数字万用表用于测量交、直流电压和电流,也可测量电阻,只要单击相应的按钮即可。单击 Settings(设置转换)按钮打开对话框,根据测量需要可调整电压表内阻、电流表内阻、欧姆表电流和电平表 0dB 标准电压。

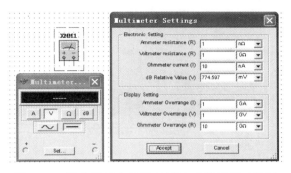

图 1-4-1　数字万用表图标、面板与参数设置对话框

2. 函数信号发生器

函数信号发生器(如图 1-4-2 所示)可以提供正弦波、三角波(锯齿波)、方波(脉冲波)等信号,根据需要的输入信号进行相应的设置。Amplitude 表示信号电压的振幅;Duty cycle 表示占空比,此设置仅用于三角波和方波,对于正弦信号无此项设置;Offset 表示在交流信号中包含的直流分量,若交流信号中没有直流分量,则此项设置为 0。在图 1-4-2 中,表示正弦交流信号的最大值为 10V、频率为 1Hz、直流分量为 0V。

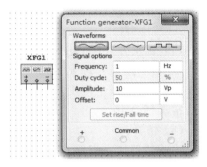

图 1-4-2　函数信号发生器图标、
面板及参数设置

函数信号发生器有 3 个输出端:"+"为正波形端,"-"为负波形端,"Common"为接地端。

3. 示波器

示波器图标、面板如图 1-4-3 所示,其使用方法也和实际仪器基本相同。若需仪器屏幕显示为白色,则单击 Reverse 按钮即可反色显示。

具体步骤如下:

(1) 时基(Timebase)调整。

X 轴刻度(Scale t/Div)表示横坐标每 1 格的时间值,应根据信号频率的大小选择合适值(单击箭头按钮或直接输入);X 轴坐标原点的位置(Position);显示方式选择"Y/T",即 Y 轴刻度表示电压,水平方向表示时间。

(2) 输入通道(Channel)。

Channel A 和 Channel B 是两个独立的输入通道,可同时观察两个波形。Y 轴刻度(Scale V/Div)表示纵坐标每 1 格的电压值,应根据信号电压的大小选择合适值(单击箭头按钮或直接输入);Y 轴坐标原点的位置(Position)。

(3) 输入耦合方式。

AC 用于观察信号的交流信号;DC 则用于观察直流或包含直流分量的交流信号;0(接地)表示 0V 线位置。

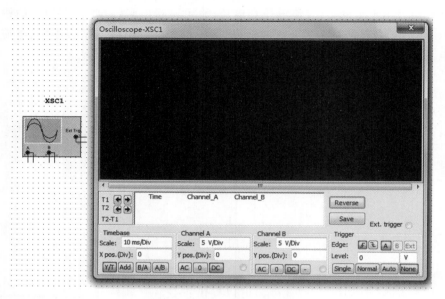

图 1-4-3　示波器图标、面板

（4）触发方式（Trigger）。

触发信号，若单踪显示则选择与接信号的通道为触发信号，若双踪显示则 A、B 均可；触发沿（上升沿或下降沿），一般选择上升沿；Level（触发电平），调节波形的稳定度；触发方式通常选择 Auto。

（5）仿真。

将示波器接在需要观察和测量的电路中，双击示波器图标，打开仿真开关，示波器显示输入/输出波形如图 1-4-4 所示，将红蓝两指针拖曳至合适的波形位置，就可较准确地读取电压值和时间值，还能读取两指针间的电压差和时间差，因此，测量幅度、周期等都很方便。

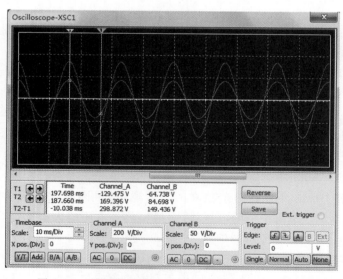

图 1-4-4　示波器测量输入/输出波形的电压/周期值

注意：虚拟仪器不一定要接地，只要电路中有接地元件即可。

4. 波特图仪

波特图仪又称频率特性仪或扫频仪，用于测量电路的频率特性，双击已拖至电路工作区的波特图仪图标可打开其面板，如图 1-4-5 所示。它有一对输入端 IN，以提供电路输入的扫描信号，应接被测电路的输入端；一对输出端 OUT，连接在电路的输出端。

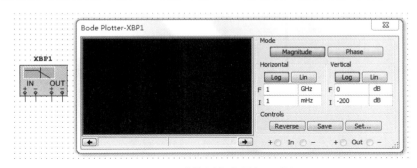

图 1-4-5　波特图仪的图标、面板

注意：测量时电路必须接交流信号源并设置信号大小，但对频率无要求。所测的频率范围由波特图仪的参数设置决定。

（1）选择测量幅频特性或相频特性：Magnitude（相幅频特性）、Phase（相频特性）按钮。

（2）选择坐标类型：通常水平坐标（Horizontal，频率）选 Log（单位为 dB）；垂直坐标（Vertical）测幅频特性时选 Log（单位为 dB），测相频特性时选 Lin（单位为 rad）。

（3）设置垂直坐标的起点（I 框）和终点（F 框）：选择合适的值以便可以清楚完整地进行观察。

（4）单击"启动/停止"开关，电路开始仿真，幅频特性如图 1-4-6 所示。拖曳测量指针到幅频特性曲线的任何位置，都可得到相应有增益、频率值。如果改变波特图仪的坐标参数或电路测试点，则应重新启动电路，以保证仿真结果的准确性。

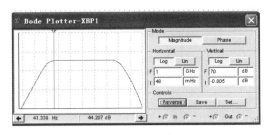

图 1-4-6　放大器幅频特性的测试

（5）单击 Reverse 按钮，可使波特图仪反色显示。

5. 电压表与电流表

从指示器件库中选取的电压表与电流表图标，如图 1-4-7 所示，测量交流电（AC）时显示信号的有效值。

若需测量极高内阻的电压源时，则应根据需要对电表参数重新进行设置。

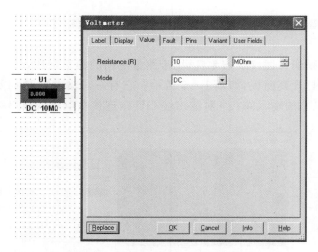

图 1-4-7　电压表图标与特性对话框

五、电路仿真实例与分析

1. 打开 Multisim 10 设计环境。选择"文件"→"新建"→"原理图"命令,即弹出一个新的电路图编辑窗口,在设计工具箱中同时出现一个新的名称。单击"保存"按钮,将该文件命名后保存到指定文件夹下。

2. 在绘制电路图之前,需要先熟悉一下元件栏和仪器栏的内容,看看 Multisim 10 都提供了哪些电路元件和仪器。

3. 首先放置电源。单击元件栏的放置信号源选项,出现如图 1-5-1 所示的对话框。

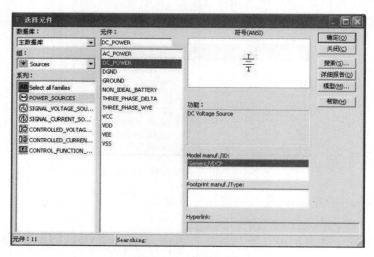

图 1-5-1　放置电源

(1) 在"数据库"下拉列表框中选择"主数据库"。

(2) 在"组"下拉列表框中选择 Sources。

（3）在"系列"列表框中，选择 POWER_SOURCES。

（4）在"元件"列表框中，选择 DC_POWER。

（5）在右边的"符号""功能"等文本框中，会根据所选项目列出相应的说明。

4．选择好电源符号后，单击"确定"按钮，移动鼠标指针到电路编辑窗口，选择放置位置后，单击即可将电源符号放置于电路编辑窗口中，仿制完成后，还会弹出元件选择对话框，可以继续放置，单击"关闭"按钮可以取消放置。

5．放置的电源符号默认显示的是 12V。双击该电源符号，出现如图 1-5-2 所示的属性对话框，在该对话框中可以更改该元件的属性。这里将电压改为 3V，也可以更改元件的序号、引脚等属性。

图 1-5-2　电源属性对话框

6．接下来放置电阻。单击"放置基础元件"，弹出如图 1-5-3 所示的对话框。

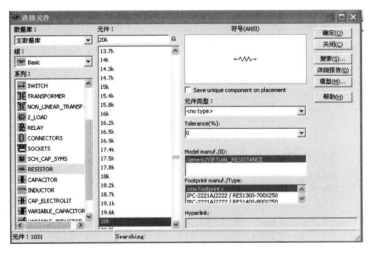

图 1-5-3　放置电阻

（1）在"数据库"下拉列表框中选择"主数据库"。

（2）在"组"下拉列表框中选择 Basic。

（3）在"系列"下拉列表框中选择 RESISTOR。

（4）在"元件"列表框中选择 20k。

（5）在右边的"符号""功能"等文本框中，会根据所选项目列出相应的说明。

7. 按上述方法，再放置一个 10kΩ 的电阻和一个 100kΩ 的可调电阻。放置完毕后，如图 1-5-4 所示。

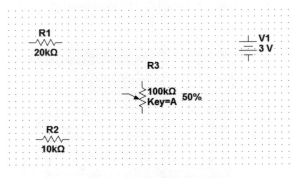

图 1-5-4　已选择的元件

8. 可以看到，元件都按照默认的摆放情况被放置在编辑窗口中。例如电阻是默认横着摆放的，但实际在绘制电路过程中，各种元件的摆放情况是不一样的，这里把电阻 R1 变成竖直摆放，方法如下：将鼠标指针放在电阻 R1 上，然后右击，这时会弹出一个快捷菜单，在快捷菜单中可以选择让元件顺时针或者逆时针旋转 90°。如果元件摆放的位置不合适，想移动一下元件的摆放位置，则将鼠标指针放在元件上，按住鼠标左键，即可拖动元件到合适位置。

9. 放置电压表。在仪器栏选择"万用表"，将鼠标指针移动到电路编辑窗口内，这时可以看到，鼠标指针上跟随着一个万用表的简易图形符号。单击，将电压表放置在合适位置。电压表的属性同样可以双击进行查看和修改。

所有元件放置好后，如图 1-5-5 所示。

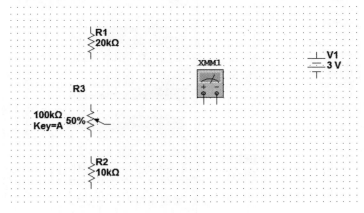

图 1-5-5　所有元件

10. 下面进入连线步骤。将鼠标指针移动到电源的正极,当指针变成 ✦ 时,表示导线已经和正极连接起来了,单击将该连接点固定,然后移动鼠标指针到电阻 R1 的一端,出现小红点后,表示正确连接到 R1 了,单击固定,这样一根导线就连接好了,如图 1-5-6 所示。如果想要删除这根导线,则将鼠标指针移动到该导线的任意位置,右击,选择"删除"命令即可将该导线删除。或者选中导线,直接按 Delete 键删除。

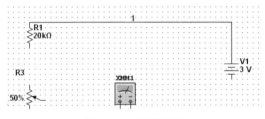

图 1-5-6　导线连接

11. 按照前面第 3 步的方法,放置一个公共地线,然后如图 1-5-7 所示,将各连线连接好。

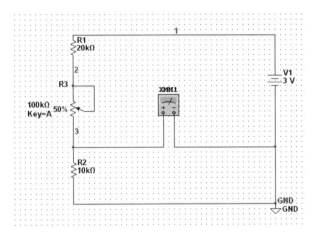

图 1-5-7　放置公共地线

注意：在电路图的绘制中,公共地线是必需的。

12. 电路连接完毕,检查无误后,就可以进行仿真了。单击仿真栏中的绿色开始按钮 ▶。电路进入仿真状态。双击图中的万用表符号,即可弹出如图 1-5-8 所示的对话框,在这里显示了电阻 R2 上的电压。对于显示的电压值是否正确,可以验算一下：根据电路图可知,R2 上的电压值应等于：(电源电压×R2 的阻值)/(R1、R2、R3 的阻值之和),则计算如下：(3.0×10×1000)/((10+20+50)×1000)=0.375V,经验证电压表显示的电压正确。从图中可以看出,R3 是一个 100kΩ 的可调电阻,其调节百分比为 50%,则在这个电路中,R3 的阻值为 50kΩ。

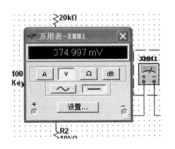

图 1-5-8　万用表界面

13. 关闭仿真,改变 R2 的阻值,按照第 12 步的步骤再次观察 R2 上的电压值,会发现随着 R2 阻值的变化,其上的电压值也随之变化。注意:在改变 R2 阻值的时候,最好关闭仿真,一定要及时保存文件。

六、MATLAB 基础知识

MATLAB 是一门计算机编程语言,取名来源于 Matrix Laboratory,即"矩阵实验室"。它最早出现于 20 世纪 70 年代后期,当时新墨西哥大学(UNM)的教授 Cleve Moler 讲授线性代数时,编写了接口程序,起名 MATrix LABoratory。1983 年开发了第二版,该版用 C 语言编写。1984 年,MathWorks 公司成立。MATLAB 推向市场,深受工程和科研人员喜爱。1993 年,第一个 Windows 版本的 MATLAB 问世,增加了 Simulink 等工具箱。2000 年,推出 MATLAB 6.0 版本。在后续的几年里先后推出了 MATLAB 6.1、MATLAB 7.7 等版本,2010 年 3 月的 MATLAB 的版本已经是 MATLAB 7.10,即 MATLAB R2010a 版本。2020 年 4 月,MATLAB 的版本为 R2020a。

MATLAB 具有强大的科学计算及数据处理能力,包含大量计算算法的集合。它具有出色的图形处理功能,应用广泛的模块集合工具箱。MATLAB 具有友好的工作平台和编程环境,其中许多工具采用的是图形用户界面,人机交互性更强,操作更简单,可移植性好,可拓展性极强,这也是 MATLAB 能够深入科学研究及工程计算各个领域的重要原因。目前,MATLAB 已经把工具箱延伸到了科学研究和工程应用的诸多领域,诸如数据采集、数据库接口、概率统计、样条拟合、优化算法、偏微分方程求解、神经网络、小波分析、信号处理、图像处理、系统辨识、控制系统设计、LMI 控制、鲁棒控制、模型预测、模糊逻辑、金融分析、地图工具、非线性控制设计、实时快速原型及半物理仿真、嵌入式系统开发、定点仿真、DSP 与通信、电力系统仿真等,都在工具箱(Toolbox)家族中有了自己的一席之地。MATLAB 在工业研究与开发,数学教学(特别是线性代数),数值分析和科学计算方面的教学与研究,电子学、控制理论和物理学等工程和科学,以及本书其他领域中的教学与研究中都得到了普遍的应用。

后面对于 MATLAB 的介绍基于 MATLAB 7.4(MATLAB R2007a)版本。

MATLAB 启动后的界面如图 1-6-1 所示,图中只把较为常用的窗口调了出来,在实际使用中可根据自己的需要对窗口进行布局。

主界面的顶层是 MATLAB 基本菜单栏,包括 File、Edit、Debug、Desktop、Window 和 Help 菜单,利用基本菜单栏可以进行界面与文件的管理,启动帮助功能与演示功能等。

第二层菜单包括新建、打开、剪切、复制、粘贴等按钮,以及 Simulink、GUIDE、ProFile 和帮助功能按钮。Current Directory(当前路径)显示了当前文件默认的路径,所有文件都需要在此目录下才能运行,用户可以选择改变当前目录。

如图 1-6-1 所示在每个窗口的右上角,都有 按钮,其中 表示最小化窗口, 表示最大化窗口, 表示将该窗口从主界面中分离出来, 表示关闭窗口。

MATLAB 的主要工作窗口包括以下几部分:

Command Window(命令窗口)位于图 1-6-1 右边,该窗口是 MATLAB 中最基本的窗

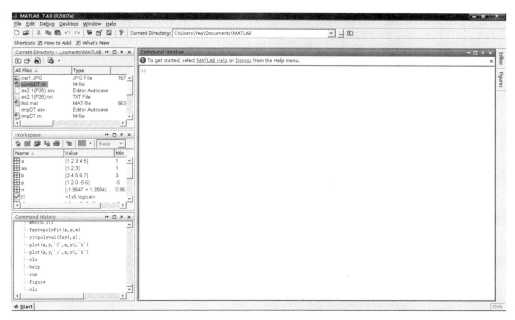

图 1-6-1　MATLAB 工作主界面

口,用户通过它来执行 MATLAB 命令。用户的数据输入和运算结果显示,一般都在此窗口显示。在命令窗口中,提示符一般为"≫"。在用户窗口顶部,默认提示:To get started,select MATLAB Help or Demos from the Help menu,提示用户可以选择帮助菜单获得帮助。

　　Current Directory(当前路径窗口)如图 1-6-2 所示,此处为从主界面分离出来后的图示,单击右上角的 ↘ 按钮,可以将该窗口合并到主界面。该窗口主要是保存当前工作路径下的图形文件和命令文件,用户可以直接从该窗口中选择要打开和运行的文件。

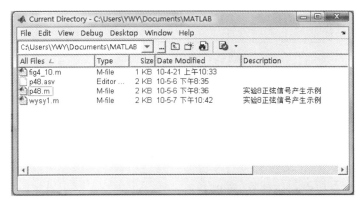

图 1-6-2　当前路径窗口

　　Workspace(工作空间)窗口显示 MATLAB 的各个工作变量,如图 1-6-3 所示,利用图中一排工具栏提供的按钮,既可以导入以前曾存入磁盘中的变量,也可以对选中的变量进行存盘、修改和删除操作。

　　Command History(命令历史记录)窗口保存并显示用户在命令窗口中输入过的命令及每次启动 MATLAB 的时间。需要时,用户可把这些命令调出来,在命令窗口中执行。

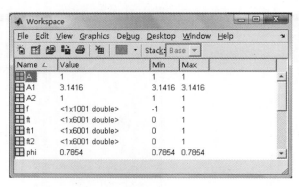

图 1-6-3　工作空间

Editor(编辑/调试窗口)如图 1-6-4 所示,该窗口具有编辑和调试功能。简单的程序可以命令窗口中执行,而较复杂的程序可以在该环境中进行编辑和调试,再统一执行。用户可以在这里编辑 MATLAB 程序文件,即"M 文件"。

图 1-6-4　编辑/调试窗口

Figure(图形窗口)如图 1-6-5 所示,该窗口以图形方式显示数据,利用图形窗口菜单和工具栏中的选项,可以对图形进行线型、颜色、标记、三维视图、光照和坐标轴等内容的设置。

在命令窗口输入 help 函数名或命令以及在帮助窗口中浏览或搜索相应信息,可以获得帮助信息。参考 MATLAB 的 Demo 程序也可为编程学习提供很大的帮助。

直接在命令行输入命令 help,将显示如图 1-6-6 所示界面。

单击在命令窗口上方的 MATLAB Help

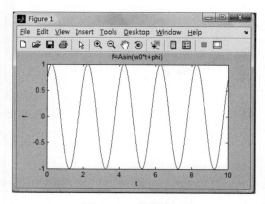

图 1-6-5　图形窗口

字样或在"Help"菜单中单击 MATLAB Help 选项,可以打开如图 1-6-7 所示的帮助窗口。

在搜索栏中搜索相应信息可获得帮助。

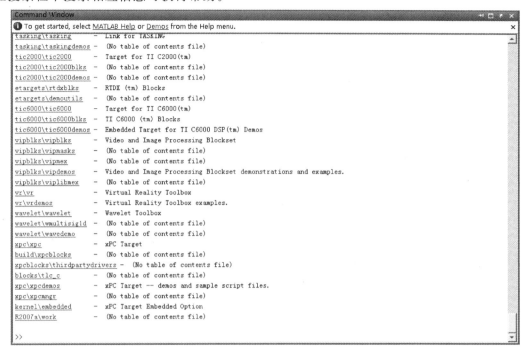

图 1-6-6 命令行帮助信息

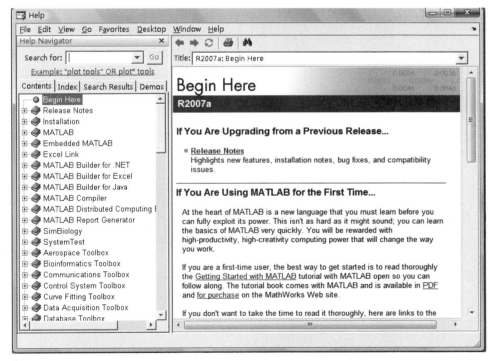

图 1-6-7 帮助窗口

　　单击在命令窗口上方的 Demos 或单击 Help 菜单中的 Demos 选项,可以打开如图 1-6-8 所示的演示窗口。在左边的窗口中选择总包或工具箱名称,然后进一步选择希望查看的项目。选中以后,将在右侧上面的窗口中显示对应项目的演示说明,在图示的窗口中显示了对应项目的演示子项,单击可查看相应的演示。

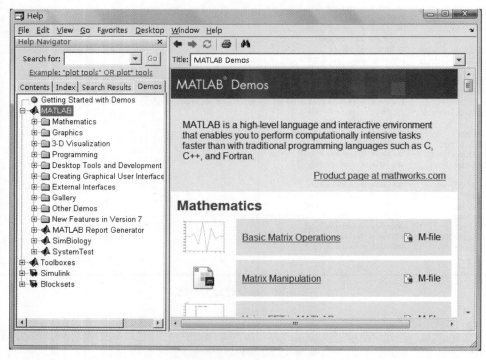

图 1-6-8　演示窗口

第二篇　Multisim 入门实验

实验一

简单电路仿真

一、实验目的

1. 熟悉 Multisim 10 设计环境。
2. 熟悉 Multisim 10 电路仿真操作步骤。

二、实验原理

详见第一篇关于 Multisim 10 基本使用方法和虚拟仪器仪表使用相关内容。

三、实验内容

按下列步骤进行操作,熟悉利用 Multisim 10 进行电路仿真的基本过程。

1. 打开 Multisim 10 设计环境。选择"文件"→"新建"→"原理图"。即弹出一个新的电路图编辑窗口,在设计工具箱中同时出现一个新的名称。单击"保存"按钮,将该文件命名,保存到指定文件夹下。

这里需要说明的是:

(1) 文件的名字要能体现电路的功能,要让自己一年后看到该文件名就能一下子想起该文件实现了什么功能。

(2) 在电路图的编辑和仿真过程中,要养成随时保存文件的习惯。以免由于没有及时保存而导致文件的丢失或损坏。

(3) 文件的保存位置,最好用一个专门的文件夹来保存所有基于 Multisim 10 的例子,这样便于管理。

2．在绘制电路图之前，需要先熟悉一下元件栏和仪器栏的内容，看看 Multisim 10 都提供了哪些电路元件和仪器。由于我们安装的是汉化版的，直接把鼠标指针放到元件栏和仪器栏相应的位置，系统会自动弹出元件或仪表的类型。详细描述此处不再赘述。说明：这个汉化版本汉化不彻底，并且还有错别字（像放置基础元件被译成放置基楚元件）。

3．首先放置电源。单击元件栏的放置信号源选项，出现如图 2-1-1 所示的对话框。

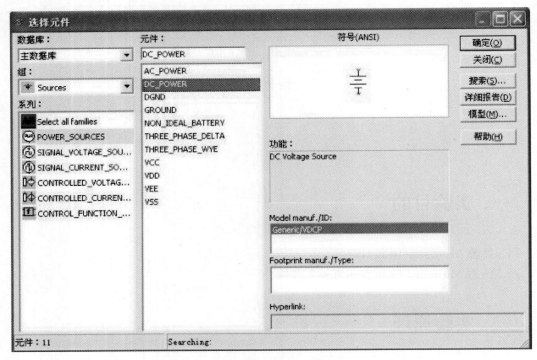

图 2-1-1　"选择元件"对话框（电源）

（1）在"数据库"下拉列表框中选择"主数据库"。

（2）在"组"下拉列表框中选择 Sources。

（3）在"系列"下拉列表框中选择 POWER_SOURCES。

（4）在"元件"列表框中选择 DC_POWER。

（5）在右边的"符号""功能"等文本框中，会根据所选项目列出相应的说明。

4．选择好电源符号后，单击"确定"按钮，移动鼠标指针到电路编辑窗口，选择放置位置后，单击即可将电源符号放置于电路编辑窗口中，仿制完成后，还会弹出元件选择对话框，可以继续放置，单击关闭按钮可以取消放置。

5．可以看到，放置的电源符号显示的是 12V。我们的需要可能不是 12V，那怎么来修改呢？双击该电源符号，出现如图 2-1-2 所示的属性对话框，在该对话框中，可以更改该元件的属性。这里将电压改为 3V。当然也可以更改元件的序号引脚等属性。大家可以单击各个参数项来体验一下。

6．接下来放置电阻。单击"放置基础元件"，弹出如图 2-1-3 所示的对话框。

（1）在"数据库"下拉列表框中选择"主数据库"。

（2）在"组"下拉列表框中选择 Basic。

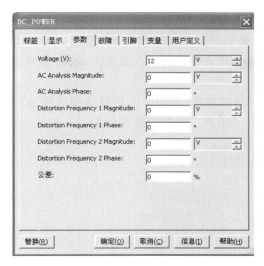

图 2-1-2 直流电源设置对话框

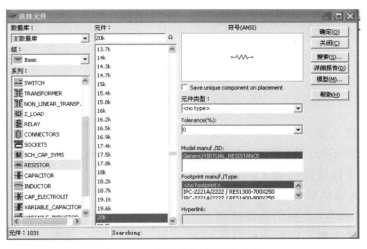

图 2-1-3 选择元件对话框(电阻)

（3）在"系列"下拉列表框中选择 RESISTOR。

（4）在"元件"列表框中选择 20k。

（5）在右边的"符号""功能"等对话框中,会根据所选项目列出相应的说明。

7. 按上述方法,再放置一个 $10k\Omega$ 的电阻和一个 $100k\Omega$ 的可调电阻。放置完毕后,如图 2-1-4 所示。

8. 可以看到,元件都按照默认的摆放情况被放置在编辑窗口中。例如电阻是默认横着摆放的,但实际在绘制电路过程中,各种元件的摆放情况是不一样的,比如我们想把电阻 R1 变成竖直摆放,该怎样操作呢?可以通

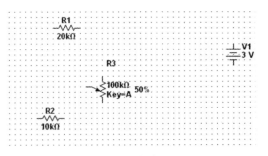

图 2-1-4 元件布置(1)

过这样的步骤来操作,将鼠标指针放在电阻 R1 上,然后右击,这时会弹出一个快捷菜单,在快捷菜单中可以选择让元件顺时针或者逆时针旋转 90°。如果元件摆放的位置不合适,想移动一下元件的摆放位置,则将鼠标指针放在元件上,按住鼠标左键,即可拖动元件到合适位置。

9. 放置电压表。在仪器栏选择"万用表",将鼠标指针移动到电路编辑窗口内,这时可以看到,鼠标指针上跟随着一个万用表的简易图形符号。单击,将电压表放置在合适位置。电压表的属性同样可以双击进行查看和修改。

所有元件放置好后,如图 2-1-5 所示。

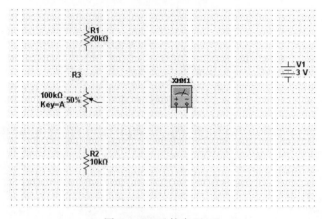

图 2-1-5　元件布置(2)

10. 下面就进入连线步骤了。将鼠标指针移动到电源的正极,当指针变成 ◆ 时,表示导线已经和正极连接起来了,单击将该连接点固定,然后移动鼠标指针到电阻 R1 的一端,出现小红点后,表示正确连接到 R1 了,单击固定,这样一根导线就连接好了,如图 2-1-6 所示。如果想要删除这根导线,则将鼠标指针移动到该导线的任意位置,右

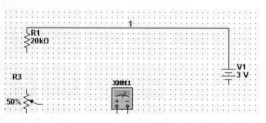

图 2-1-6　元件连线(1)

击,选择"删除"命令即可将该导线删除。或者选中导线,直接按 Delete 键删除。

11. 按照前面第 3 步的方法,放置一个公共地线,然后如图 2-1-7 所示,将各连线连接好。

注意:在电路图的绘制中,公共地线是必需的。

12. 电路连接完毕,检查无误后,就可以进行仿真了。单击仿真栏中的绿色开始按钮 ▶。电路进入仿真状态。双击图中的万用表符号,即可弹出如图 2-1-8 的对话框,在这里显示了电阻 R2 上的电压。对于显示的电压值是否正确,可以验算一下:根据电路图可知,R2 上的电压值应等于:(电源电压×R2 的阻值)/(R1、R2、R3 的阻值之和),则计算如下:$(3.0 \times 10 \times 1000)/((10+20+50) \times 1000)=0.375\text{V}$,经验证电压表显示的电压正确。R3 的阻值是如何得来的呢?从图中可以看出,R3 是一个 100kΩ 的可调电阻,其调节百分比为 50%,则在这个电路中,R3 的阻值为 50kΩ。

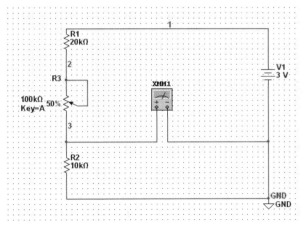

图 2-1-7　元件连线（2）

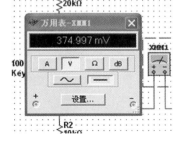

图 2-1-8　万用表读数

13. 关闭仿真,改变 R2 的阻值,按照第 12 步的步骤再次观察 R2 上的电压值,会发现随着 R2 阻值的变化,其上的电压值也随之变化。注意:在改变 R2 阻值的时候,最好关闭仿真。千万注意:一定要及时保存文件。

这样,我们大致熟悉了如何利用 Multisim 10 来进行电路仿真。以后就可以利用电路仿真来学习模拟电路和数字电路了。

四、思考题

1. 利用 Multisim 进行电路仿真的基本过程有哪些?
2. 在 Multisim 电路仿真过程中应注意哪些问题?

实验二

欧姆定律仿真实验

一、实验目的

1. 学习使用万用表测量电阻。
2. 验证欧姆定律。

二、实验原理

　　欧姆定律叙述为：线性电阻两端的电压与流过的电流成正比，比例常数就是这个电阻元件的电阻值。欧姆定律确定了线性电阻两端的电压与流过电阻的电流之间的关系。其数学表达式为

$$U = RI$$

式中，R 为电阻的阻值（单位为 Ω）；I 为流过电阻的电流（单位为 A）；U 为电阻两端的电压（单位为 V）。

　　欧姆定律也可以表示为 $I = U/R$，这个关系式说明当电压一定时电流与电阻的阻值成反比，因此电阻阻值越大，流过的电流就越小。

　　如果把流过电阻的电流当成电阻两端电压的函数，画出 $U(I)$ 特性曲线，便可确定电阻是线性的还是非线性的。如果画出的特性曲线是一条直线，则电阻是线性的；否则就是非线性的。

三、实验内容

1. 仿真实验电路

　　图 2-2-1 为用数字万用表测量电阻阻值的仿真实验电路及数字万用表面板。该电路虽然没有电源，但必须接地，否则会出现数字万用表读数错误。

图 2-2-2 为欧姆定律仿真电路及数字万用表面板。

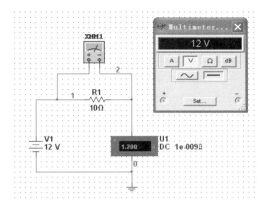

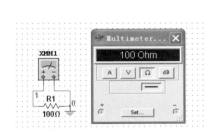

图 2-2-1　用数字万用表测量电阻的阻值　　　图 2-2-2　欧姆定律仿真电路及数字万用表面板

2. 仿真电路搭建

（1）电源：Place Source→POWER_SOURCE→DC_POWER，选 p 取直流电源，设置电源电压为 12V；

（2）接地：Place Source→POWER_SOURCE→GROUND，选取电路中的接地点；

（3）电阻：Place Basic→RESISTOR，选取 R1＝100，R2＝20；

（4）数字万用表：从虚拟仪器工具栏调取 XMM1；

（5）电流表：Place Indicators→AMMETER，选取电流表并设置为直流挡；

（6）按图 2-2-2 所示连接各元件。

3. 仿真分析

（1）测量电阻阻值的仿真分析。

① 搭建如图 2-2-1 所示的用数字万用表测量电阻阻值的仿真实验电路，数字万用表按图设置。

② 单击仿真开关，激活电路，记录数字万用表显示的读数。

③ 将两次测量的读数与所选电阻的标称值进行比较，验证仿真结果。

（2）欧姆定律电路的仿真分析。

① 搭建如图 2-2-2 所示的欧姆定律仿真电路。

② 单击仿真开关，激活电路，数字万用表和电流表均出现读数，记录电阻 R1 两端的电压值 U 和流过 R 的电流值 I。

（3）根据电压测量值 U、电流测量值 I 及电阻测量值 R 验证欧姆定律。

（4）改变电源 V1 的电压数值分别为 2V、4V、6V、8V、10V、14V，读取 U 和 I 的值，填入表 2-2-1，根据记录数值验证欧姆定律，画出 $U(I)$ 特性曲线。

表 2-2-1　记录 U 和 I 的数值

V1/V	U/V	I/A

V1/V	U/V	I/A

四、思考题

1. 当电压一定时,如果电阻阻值增加,则流过电阻的电流将如何变化?

2. 根据 $U(I)$ 特性曲线,说明相应的电阻是非线性电阻还是线性电阻。

实验三

容抗测量仿真实验

一、实验目的

1. 测定交流电压和电流在电容中的相位关系。
2. 测定电容值与容抗值之间的关系。
3. 测定电容的容抗与正弦交流电频率之间的关系。

二、实验原理

交流电路的阻抗 Z 满足欧姆定律,所以用阻抗两端的交流电压有效值 U_z 除以交流电流有效值 I_z 可算出阻抗:

$$Z = \frac{U_z}{I_z}$$

RC 串联电路的 Z 为电阻 R 和容抗 X_c 的相量和。因此阻抗的大小为:

$$Z = \sqrt{R^2 + X_c^2}$$

阻抗两端的电压 U_z 和电流 I_z 之间的相伴差可由下式求出:

$$\theta = -\arctan\left(\frac{X_c}{R}\right)$$

当电压落后于电流时,相位差为负。

三、实验内容

1. 仿真实验电路

图 2-3-1 为 RC 串联阻抗实验电路及示波器面板图。

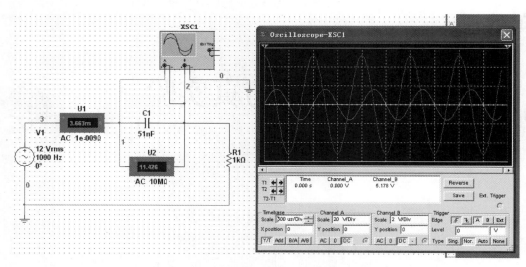

图 2-3-1　RC 串联阻抗实验电路及示波器面板

2．仿真电路搭建

（1）交流电压源：Place Source→POWER_SOURCE→AC_POWER，选取交流电压源，设置电压有效值为 12V，频率为 1000Hz。

（2）接地：Place Source→POWER_SOURCE→GROUND，选取电路中的接地点。

（3）电阻：Place Basic→RESISTOR，选取阻值为 1kΩ。

（4）电容：Place Basic→CAPACITOR，选取电容值为 51nF。

（5）电流表：Place Indicators→AMMETER，选取电流表并设置为交流挡。

（6）电压表：Place Indicators→VOLTMETER，选取电压表并设置为交流挡。

（7）示波器：从虚拟仪器工具栏中调取 XSC1。

3．仿真分析

（1）建立图 2-3-1 所示的 RC 串联阻抗仿真电路。

（2）单击仿真开关，激活电路。记录交流电压表和电流表上的读数（即交流电压有效值 U_z 和电流有效值 I_z）于表 2-3-1 中。

表 2-3-1　数据记录表

频　　率	参　　数	U_c/V	I_c/A	Z_c/Ω	U_c 与 I_c 相位差
1kHz	理论计算值				
	仿真测量值				
2kHz	理论计算值				
	仿真测量值				
5kHz	理论计算值				
	仿真测量值				
10kHz	理论计算值				
	仿真测量值				

（3）观察示波器显示的波形，将相位差记录于表 2-3-1 中。

（4）改变正弦交流电的频率，将结果记录于表 2-3-1 中。

四、思考题

1. 正弦交流电的频率 f 的大小对阻抗的大小及电容的电压波形与电流波形的相位差有何影响?

2. 电容值和电阻值的变化对阻抗的大小及电容的电压波形与电流波形的相位差有何影响?

实验四

桥式整流滤波仿真实验

一、实验目的

1. 学会桥式整流电路输出电压值和输入交流电压值的仿真测试。
2. 测试滤波电容对输出电压波形的影响，了解滤波电容的作用。

二、实验原理

桥式整流电路驱动电阻性负载时，直流电压平均 U_L 与输入交流电压有效值 U 的关系为：

$$U_L = 0.9U$$

在小电流输出的情况下，全波整流电容滤波电路（包括桥式整流电容滤波电路）的直流输出电压可估算为交流电压有效值的 1.2 倍，即

$$U_{CL} \approx 1.2U$$

三、实验内容

1. 仿真实验电路

图 2-4-1 为桥式整流仿真电路，图 2-4-2 为示波器面板图。

2. 仿真电路搭建

（1）交流电压源：Place Source→POWER_SOURCE→AC_POWER，选取交流电压源，设置电压有效值为 20V，频率为 50Hz。

（2）接地：Place Source→POWER_SOURCE→GROUND，选取电路中的接地。

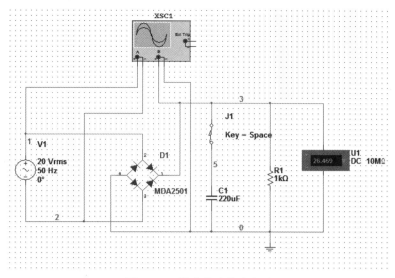

图 2-4-1　桥式整流仿真电路

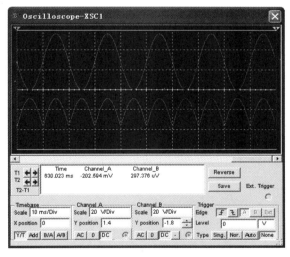

图 2-4-2　示波器面板图

（3）电阻：Place Basic→RESISTOR，选取阻值为 1kΩ。

（4）电容：Place Basic→CAPACITOR，选取电容值为 $220\mu F$。

（5）开关：Place Elector_Mechanical→SENSING_SWITCHES→LINIT_NO，选取开关。

（6）电压表：Place Indicators→VOLTMETER，选取电压表并设置为直流挡。

（7）示波器：从虚拟仪器工具栏中调取 XSC1。

3．仿真分析

（1）建立如图 2-4-1 所示的桥式整流仿真电路。

（2）单击仿真开关，激活电路。观察示波器 XSC1 上的波形和电压表的显示数字，记录在表 2-4-1 中。

（3）单击仿真停止按钮，停止仿真。单击电路的 J1 开关，使 J1 闭合，组成桥式整流滤波仿真电路。示波器波形如图 2-4-2 所示。

（4）单击仿真开关，激活电路，观察示波器 XSC1 上的波形和电压表的显示数字，记录在表 2-4-1 中。

表 2-4-1   桥式整流仿真数据

测 量 项 目	U_{o1}/V （未接电容时的输出电压）	U_{o2}/V （接电容时的输出电压）	未接电容时输出 电压波形	接电容后输出 电压波形
理论计算值				
仿真测量值				

四、思考题

1. 桥式整流电路不带电容滤波时，电阻性负载输出电压平均值与输入电压有效值存在什么关系？

2. 桥式整流电路加上电容滤波时，电阻性负载输出电压平均值与输入电压有效值存在什么关系？

3. 负载电阻减小时，对输出电压的波形有何影响？

实验五

555多谐振荡器实验

一、实验目的

1. 通过仿真实验,熟悉 555 多谐振荡器的功能。
2. 了解 555 多谐振荡器的应用。

二、实验原理

用 555 定时器连成的多谐振荡器电路。电路的振荡频率 f 和输出矩形波的占空比由外接元件 R_1、R_2 和 C_2 决定。C_1 为控制输入端 CON 的旁路电容。

对于如图 2-5-1 所示的多谐振荡电路,在一周期内输出低电平的时间 t_1、输出高电平的时间 t_2、振荡周期 T、振荡频率 f 及占空比 q 的近似值可由下列公式求出:

$$t_1 = 0.7R_2C_2$$
$$t_2 = 0.7(R_1 + R_2)C_2$$
$$T = t_1 + t_2 = 0.7(R_1 + 2R_2)C_2$$
$$f = 1/T$$
$$q = t_2/(t_1 + t_2) = (R_1 + R_2)/(R_1 + 2R_2)$$

三、实验内容

1. 仿真实验电路

如图 2-5-1 所示为 555 多谐振荡器仿真电路。

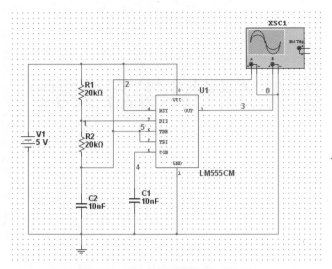

图 2-5-1　555 多谐振荡器仿真电路

2. 仿真电路搭建

（1）电源：Place Source→POWER_SOURCES→DC_POWER，选取电源并设置电压为 5V。

（2）接地：Place Source→POWER_SOURCES→GROUND，选取电路中的接地。

（3）电容：Place Basic→CAPACITOR，选取电容值为 10nF 的电容。

（4）电阻：Place Basic→RESISTOR，选取电阻为 20kΩ。

（5）时基电路 555：Place Mixed→Timer，选取 LM555CM。

（6）示波器：从虚拟仪器工具栏调取示波器 XSC1。

3. 仿真分析

（1）搭建如图 2-5-1 所示的 555 多谐振荡器仿真电路；

（2）单击仿真开关，激活电路，双击示波器图标，打开示波器面板，即可观测如图 2-5-2 所示的 555 多谐振荡器的工作波形。上面的波形为电容充电波形，下面的波形为输出波形。

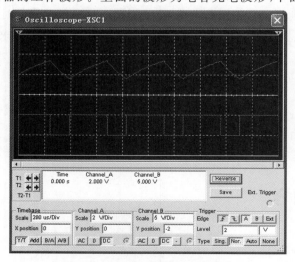

图 2-5-2　555 多谐振荡器的工作波形

（3）改变 R_1、R_2 和 C_2 的值，利用示波器提供的游标测量线，测量示波器显示的输出波形低电平和高电平的时间，计算出周期和频率，并与理论值比较，填入表 2-5-1。

表 2-5-1 数据记录表格

元件参数	项 目	低电平时间 t_1	高电平时间 t_2	振荡周期 T	振荡频率 f	占空比 q
$R_1=20\text{k}\Omega$ $R_2=20\text{k}\Omega$ $C_2=10\text{nF}$	理论值					
	测量值					
$R_1=20\text{k}\Omega$ $R_2=20\text{k}\Omega$ $C_2=100\text{nF}$	理论值					
	测量值					
$R_1=20\text{k}\Omega$ $R_2=1\text{k}\Omega$ $C_2=10\text{nF}$	理论值					
	测量值					
$R_1=1\text{k}\Omega$ $R_2=20\text{k}\Omega$ $C_2=10\text{nF}$	理论值					
	测量值					

四、思考题

1. 电容 C_2 的充放电过程与输出波形的高低有怎样的对应关系？

2. 如何使振荡器输出方波（占空比约 50%）？

第三篇　电路、信号与系统

实验一

叠加定理和比例性

一、实验目的

1. 验证线性电路的叠加性。
2. 验证线性比例性。

二、实验原理

1. 线性电路的叠加性

叠加原理:任何由线性电阻、线性受控源及独立源组成的电路中,任一支路中的电流(或电压)都可以看成是各个电源分别单独作用时在该支路内所产生的电流或电压的代数叠加。

应用叠加原理时,不能改变电路的结构。由于实验中采用稳压电源,所以电源内阻可近似为零。

2. 线性比例性

在线性电路中,当激励增加或减少 K 倍时,其响应(即在每个支路中的电压或电流)也增加或减少 K 倍。

三、实验内容

1. 验证线性电路的叠加性

(1) 如图 3-1-1 所示,在 Multisim 的电路工作区创建如图 3-1-1 所示的电路。

创建的电路如图 3-1-2 所示。

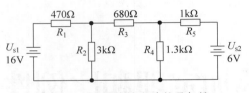

图 3-1-1　验证线性电路的叠加性

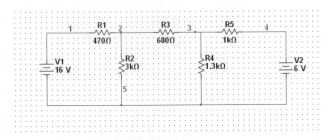

图 3-1-2　创建线性电路

（2）分别令 U_{s1} 单独作用，U_{s2} 单独作用，U_{s1}、U_{s2} 共同作用。单击"仿真"→"仪器"→"万用表"，调出万用表，如图 3-1-3 所示。

（3）用万用表测量各电阻元件两端的电压以及流过各电阻的电流，将数据记录填在表 3-1-1 中。拖出万用表后，双击万用表，在出现的界面中选择需要测量的电压或者电流，并设置为直流，如图 3-1-4 所示。

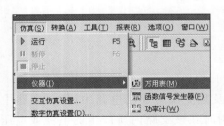

图 3-1-3　万用表的调用

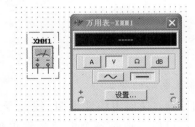

图 3-1-4　万用表界面

表 3-1-1　线性电路的叠加性

测量项目　实验内容	I_{R1} /mA	I_{R2} /mA	I_{R3} /mA	I_{R4} /mA	I_{R5} /mA	U_{R1} /V	U_{R2} /V	U_{R3} /V	U_{R4} /V	U_{R5} /V
U_{s1} 单独作用										
U_{s2} 单独作用										
U_{s1}、U_{s2} 共同作用										

注意：

在实验测量数据前，应先设置参考方向。然后将万用表按参考方向接线，显示屏显示"—"，说明实际方向与设置的参考方向相反，应在记录的数据前添加"—"号。

2. 验证线性电路的比例性

（1）按图 3-1-5 接线。

在 Multisim 中创建的电路如图 3-1-6 所示。

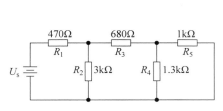

图 3-1-5　验证线性电路比例性的电路

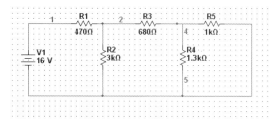

图 3-1-6　Multisim 中创建的电路

（2）按表 3-1-5 所示要求，在 U_s 分别为 8V、16V、24V 时，分别测量各电阻两端电压，并将其记录在表 3-1-2 中。

表 3-1-2　线性电路的比例性

测量项目 改变 U_s	U_{R1}/V	U_{R2}/V	U_{R3}/V	U_{R4}/V	U_{R5}/V
$U_{s1}=8V$					
$U_{s2}=16V$					
$U_{s3}=24V$					

四、思考题

1. 说明两个电源单独作用和同时作用时的各测量结果具有什么特点和结论。当电源电压按比例增加和减小时，各测量结果又有什么特点？

2. 测量直流电压、电流时，如何判断数据的正负？负号的含义是什么？

实验二

戴维南定理、基尔霍夫定律

一、实验目的

1. 掌握等效电源参数的实验测定方法。
2. 验证戴维南定理、基尔霍夫定律。

二、实验原理

1. 等效电源定理

戴维南定理：任何一个有源二端线性网络，对它的外特性来说，都可以用一个电动势为 E 的电压源和内阻为 R_0 串联的电源来等效代替。等效电源的电动势 E 就是有源二端口网络的开路电压 U_0（即将负载断开后 a、b 两端之间的电压）。等效电源的内阻 R_0 为有源二端口网络所有电源均除去（将各个理想电压源短路，其电动势为零；将各个理想电流源开路，其电流为零）后所得到的无源网络 a、b 两端之间的等效电阻，如图 3-2-1 所示。

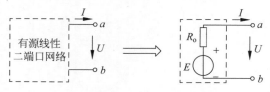

图 3-2-1　戴维南定理

这里所谓的等效，是指有源二端口网络被等效电路替代后，对端口的外电路应该没有影响，即外电路中的电流、电压仍保持替代前的数值不变。

2. 基尔霍夫定律

基尔霍夫电流定律（KCL）：对于一集总电路中的任一节点，在任一时刻流出（或流进）

该节点的所有支路电流的代数和为零。

基尔霍夫电压定律(KVL)：对于一集总电路中的任一回路,在任一时刻沿着该回路的所有支路电压降的代数和为零。

基尔霍夫定律与元件的相互连接有关,而与元件的性质无关。不论元件是线性还是非线性的,时变还是时不变的,基尔霍夫定律总是成立。

3. 有源二端口网络等效参数(U_o、R_o)的测量方法

1) 等效电源开路电压 U_o 的测量

(1) 零示测量法。

在有源二端口网络的内阻很高的情况下测量网络的开路电压,由于电压表本身的内阻不能忽略,用电压表直接测量会造成较大的误差,所以通常采用零示测量法,如图 3-2-2 所示。

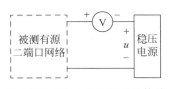

图 3-2-2 零示测量法测量等效电源的开路电压 U_o

零示测量法测量原理是用一低内阻的稳压电源与被测有源二端口网络进行比较,当稳压电源的输出电压与有源二端口网络的开路电压相等时,电压表的读数为 0,然后将电路断开,测量此时稳压电源的输出电压,即为被测有源二端口网络的开路电压。

注意：使用零示测量法测量 U_o 时,应先将稳压电源的输出调至接近于 U_o,再按图 3-2-2 测量。

(2) 开路测量法。

开路测量法是测量有源二端口网络的开路电压最常用的方法：即将负载断开,直接用电压表测量有源二端口网络的开路电压。这种方法要求电压表的内阻越大,误差越小。本实验采用此种方法。

2) 有源二端口网络等效参数 R_o 的测量

任一有源二端口网络如图 3-2-3(a),均可以组成如图 3-2-3(b)所示的等效电路,等效电源内阻不能直接测量,求等效电阻 R_o 有以下三种方法。

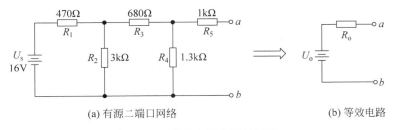

(a) 有源二端口网络   (b) 等效电路

图 3-2-3 等效电源参数的测定

(1) 开路电压、短路电流法。

在 a、b 两端用电压表直接测量开路电压 U_o,再用电流表测量短路电流 I_{sc},则等效内阻 R_o 为

$$R_o = U_o / I_{sc}$$

(2) 外接电阻法。

在 a、b 两端连接一个电阻 R,测出 R 两端的电压 U_R,用以下公式求得内阻 R_o 为

$$R_{o} = \left(\frac{U_{o}}{U_{R}} - 1\right) R$$

（3）半电压法（半偏法）。

在 a、b 两端连接一个电位器，调节电位器 R_w，使电位器两端的电压 $U_{RW} = 1/2 U_o$，这时负载电阻 R_w 就等于被测有源二端口网络的内阻 R_o。

三、实验内容

1. 戴维南定理

1）等效电源参数的测试

按图 3-2-4 在 Multisim 电路工作区中创建电路。

在仪器中调用出两个万用表：一个测量直流电流，另一个测直流电压，分别用开路电压、短路电流法，外接电阻法（$R = 1\text{k}\Omega$），半电压法（$R_w = 4.7\text{k}\Omega$）测量有源二端口网络等效内阻 R_o，将测量数据记入表 3-2-1 中。

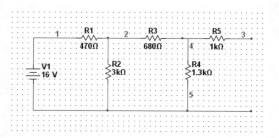

图 3-2-4　Multisim 中创建的电路

表 3-2-1　戴维南定理等效参数数据记录表

测 量 方 法	开路电压 U_o/V	短路电流 I_{sc}/mA	U_R/V	U_{RW}/V	R_o/Ω
开路电压、短路电流法					
外接电阻法					
半电压法					

2）验证戴维南定理

（1）有源二端口网络的外特性。

将图 3-2-4 的 a、b 端接上可变负载 R_L（如图 3-2-5 所示），改变 R_L 阻值，测量有源二端口网络的外特性，记入表 3-2-2 中。滑动变阻器阻值的改变方法是：先单击滑动变阻器，左

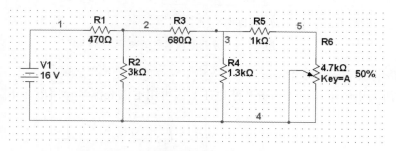

图 3-2-5　测量有源二端口网络外特性电路

右拉动出现的白色滑片来控制大小。

表 3-2-2　有源二端口网络的外特性

U_o/V							
I_o/A							

（2）等效电压源的外特性。

按图 3-2-6 接线，其中 U_o、R_o 为图 3-2-3 的戴维南等效值，在 a、b 端接上可变负载 R_L，改变 R_L 的阻值，测量有源二端口网络的外特性，记入表 3-2-3 中。

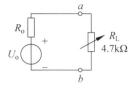

图 3-2-6　测量等效电压源外特性电路

表 3-2-3　等效电压源的外特性

U_o/V							
I_o/A							

2. 验证基尔霍夫电流、电压定律

电路如图 3-2-7（a）、（b）所示。

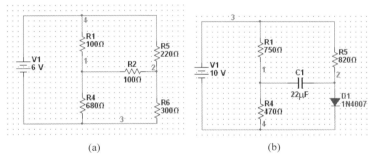

(a)　　　　　　　　　(b)

图 3-2-7　验证基尔霍夫电流电压定律的电路

（1）测量图 3-2-7（a）、（b）两个电路的总电路及各支路电流，将测量数据填在表 3-2-4 中。

表 3-2-4　测量数据记录表

测量项目	I/mA	I_1/mA	I_2/mA	I_3/mA	I_4/mA	I_5/mA
图 3-2-7（a）						
图 3-2-7（b）						

（2）测量图 3-2-7（a）、（b）两个电路各元件及电源电压，将测量数据填在表 3-2-5 中。

表 3-2-5　测量数据记录表

测量项目	U_s/V	U_1/V	U_2/V	U_3/V	U_4/V	U_5/V
图 3-2-7（a）						
图 3-2-7（b）						

注意：设置电流或电压的参考方向，测量时如果电流或电压的实际方向与参考方向相同为正，与参考方向相反则为负。

四、思考题

1. 小结测量等效电源内阻的三种实验方法，以及它们的适用范围。
2. 基尔霍夫定律适用于什么电路？它规定了电路中电流、电压必须服从什么规律？

实验三

元件与电源伏安特性的测试

一、实验目的

1. 掌握元件伏安特性的测试方法。
2. 了解线性和非线性元件的伏安特性曲线。
3. 研究直流电源的外特性。

二、实验原理

1. 电阻元件的特性是由 u-i 平面上唯一的一条曲线所表征。当元件两端施加一个可调的电压(或电流)后可测量流过元件的电流(两端的电压),电压 u 和电流 i 的关系曲线称为该元件的伏安特性曲线。由伏安特性可以了解被测元件的性质,若所测的是一条过原点的直线,则属线性电阻;否则是非线性电阻。如果不同时间测得的特性曲线相同,则属非时变电阻;否则是时变电阻,如图 3-3-1 中 a 线所示。

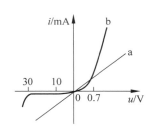

图 3-3-1　元件的伏安特性曲线

2. 二极管是一个非线性元件,正向压降很小(一般的锗管为 0.2~0.3V,硅管为 0.5~0.7V),正向电流随正向压降的升高而急剧上升;而反向压降从零一直增加到几十伏时,其反向电流很小,可忽略为零。由图 3-3-1 中 b 曲线可知,二极管具有单向导电性。

3. 理想电压源的特性是与横坐标平行的直线,表明其端电压与电流的大小无关。当电流为零时,亦即电源开路时,其两端仍有电压 U_s,如图 3-3-2(a)所示。但实际电压源是具有内阻的,其输出电压是随输出电流而变化的。其关系式为

$$u = U_s - iR_s$$

由以上函数关系所绘制的伏安特性曲线称为电压源的外特性曲线,如图 3-3-2(b)所示的电压源当 R_s 改变时电源外特性也会随之改变,实际电压源的内阻越小,就越接近理想电压源,当电压源的内阻 R_s 为零时外特性是平行于 i 轴的直线,即理想电压源的外特性,所以也把理想电压源简称为电压源。

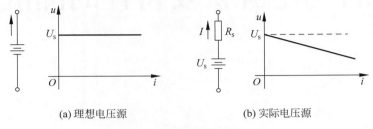

(a) 理想电压源　　　　　　　　(b) 实际电压源

图 3-3-2　直流电压源的外特性

三、实验内容

1. 测量线性电阻的伏安特性

按图 3-3-3 接线,测试 3kΩ 电阻的伏安特性。电压表和电流表可用两个万用表代替,电源在元件库中调用直流电源,在电路中双击图标即可修改电源电压值。调节电源 U_s,使电压表上的电压读数从 −6V 改变为 8V,将测量所得电流值记录在表 3-3-1 中。

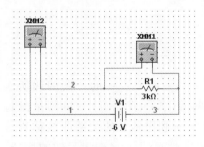

图 3-3-3　伏安特性的测试电路

表 3-3-1　测量线性电阻的伏安特性

U/V	−6	−4	−2	0	2	4	6	8
I/mA								

2. 测量非线性元件(二极管 1N4007)的伏安特性

如图 3-3-4 所示,在 Multisim 电路工作区创建电路,调节电源 E,使电压表的读数从 0V 改变到 +0.6V,将结果记录在表 3-3-2 中。

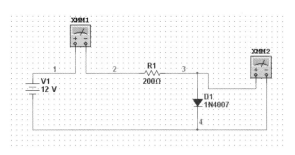

图 3-3-4　测量二极管的伏安特性

表 3-3-2　二极管的伏安特性

U/V	0	0.2	0.4	0.5	0.6
I/mA					

注意：调用 1N4007 二极管有以下方法。

如图 3-3-5 所示，在"组"中选择 Diodes，在"元件"中输入 1N4007，选择对应的二极管即可，其他元件的选取也可以采用类似的方法。

3. 测量实际电压源的外特性

按图 3-3-6 在 Multisim 电路工作区创建电路，保持稳压源的输出为 3V，改变 R_s，使电流表的读数为表 3-3-3 要求的电流值时，记录相应的电压值并填入表 3-3-3 中。

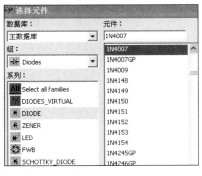

图 3-3-5　二极管选择

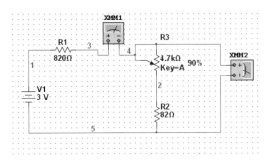

图 3-3-6　电压源的外特性测量

表 3-3-3　电压源的外特性

$R_s = 820\Omega$	I	0	1mA	1.5mA	2mA	2.5mA	3mA
	U						
$R_s = 100\Omega$	I	0	5mA	10mA	15mA	20mA	25mA
	U						
$R_s = 0\Omega$	I	0	5mA	10mA	15mA	20mA	25mA
	U						

四、思考题

1. 根据表 3-3-1 中的实验数据,画出电阻的伏安特性曲线。

2. 根据表 3-3-2 中的实验数据,绘制二极管(1N4007)的伏安特性曲线。

3. 根据表 3-3-3 中的数据,在同一坐标中画出不同内阻时电压源的外特性曲线,并说明不同内阻时电压源外特性的特点。

实验四

受控源特性的研究

一、实验目的

1. 测试受控源的外特性、转移参数。
2. 加深对受控源的认识与理解。

二、实验原理

1. 电源有独立电源(如发电机、电池、信号源等)与非独立电源(或称为受控电源)之分。所谓独立电源,是指电压源的电压或电流源的电流不受外电路的控制而独立存在。独立电源是电路中的"输入",它表示外界对电路的作用,电路中电压和电流是由于独立电源的"激励"作用而产生的;所谓受控电源,反映的是电路中某处的电压或电流能控制另一处的电压或电流的现象,或表示某一处的电路变量与另一处电路变量之间的一种耦合关系。当控制电压或电流消失或等于零时,受控电源的电压或电流也将为零。

受控源与无源元件不同,无源元件两端的电压和它自身的电流有一定的函数关系,而受控源的输出电压或电流则和另一支路(或元件)的电路或电压有某种函数关系。

2. 独立电源与无源元件是二端器件(单口元件),受控源是四端器件(双口元件)。它有一对输入端和一对输出端,输入端可以控制输出端电压或电流的大小。根据受控电源是电压源还是电流源,以及受电压控制还是受电流控制,受控电源可分为电压控制电压源(VCVS)、电流控制电压源(CCVS)、电压控制电流源(VCCS)和电流控制电流源(CCCS)四种,如图 3-4-1 所示。

3. 如果受控源的电压或电流和控制它们的电压或电流之间有正比关系,则这种控制作用是线性的,则图 3-4-1 中的转移系数 μ、r、g 及 β 都是常数。受控源的控制端与受控端之间的函数关系称为转移函数,定义如下:

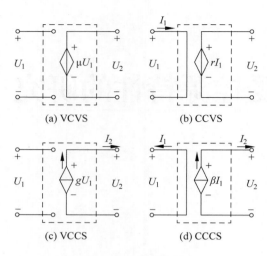

图 3-4-1　受控电源

（1）VCVS，$U_2 = f(U_1)$、$\mu = U_2/U_1$，转移电压比（电压增益）。

（2）CCVS，$U_2 = f(U_1)$、$r = U_2/I_1$，转移电导。

（3）VCCS，$I_2 = f(U_1)$、$g = I_2/U_1$，转移电阻。

（4）CCCS，$I_2 = f(I_1)$、$\beta = I_2/I_1$，转移电流比（电流增益）。

4．由于受控源反映了电路中某处的电压或电流能控制另一处的电压或电流的关系，所以它是表示在电子元件（二极管、三极管、场效应管、运放等）中所发生的物理现象的一个模型。受控源和电阻、电容、电感等元件一样，都是电路的基本元件。

5．由运算放大器构成四种受控源。

（1）电压控制电压源（VCVS）如图 3-4-2 所示，转移电压比 $\mu = 1 + \dfrac{R_F}{R_2}$ 为无量纲常数。

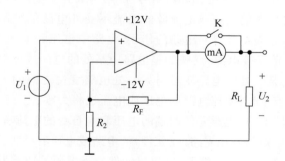

图 3-4-2　用运算放大器构成电压控制电压源（VCVS）

（2）电流控制电流源（CCVS）如图 3-4-3 所示，转移电阻 $r = R_F$ 为具有电阻量纲的常数。

（3）电压控制电流源（VCCS）如图 3-4-4 所示，转移电导 $g = 1/R_2$ 为具有电导量纲的常数。

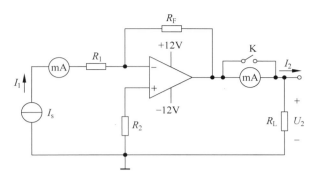

图 3-4-3 用运算放大器构成电流控制电压源(CCVS)

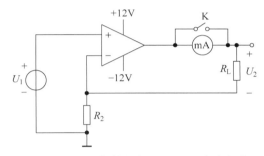

图 3-4-4 电压控制电流源(VCCS)实验电路

三、实验内容

1. 电压控制电压源(VCVS)

如图 3-4-2 所示,在 Multisim 电路工作区创建电路。$R_2 = R_F = 10\text{k}\Omega$。运算放大器统一选择 3288RT,调用方法如图 3-4-5 所示,选择 Analog-OPAMP-3288RT 开关的调用是在库中选择 basic-switch-dipsw1。

图 3-4-5 运算放大器选择

1) 受控源 VCVS 的转移特性 $U_2 = f(U_1)$

$R_L = 2\text{k}\Omega$(固定电阻),开关 K 闭合(不接电流表)。按照表 3-4-1 的要求,调节直流稳压电源的输出电压 U_1,记录相应的 U_2 值,填入表 3-4-1 中。

表 3-4-1　VCVS 转移特性数据记录表

U_1/V	0	1	2	3	5	7	8	9
U_2/V								

2）受控源 VCVS 的负载特性 $U_2 = f(I_2)$

开关 K 闭合，接入电流表。保持 $U_1 = 2\text{V}$，按照表 3-4-2 要求，调节负载电阻 R_L 的阻值（$R_L = 1\text{k}\Omega$，可变电阻），测量 U_2 及 I_2，填入表 3-4-2 中。

表 3-4-2　VCVS 负载特性数据记录表

R_L/Ω	50	100	200	400	500	600	800	1000
U_2/V								
I_2/mA								

2. 电流控制电压源（CCVS）

按图 3-4-3 接线。$R_1 = 10\text{k}\Omega$，$R_2 = 6.8\text{k}\Omega$，$R_F = 20\text{k}\Omega$。在"库"中选择 Sources，然后选中 signal_current_sources 中的 DC-current，电流源的图标如图 3-4-6 所示。

1）受控源 CCVS 的转移特性 $U_2 = f(U_1)$

$R_L = 2\text{k}\Omega$（固定电阻），开关 K 打开（接电流表）。按照表 3-4-3 要求，调节直流电流源的输出电流 I_s（即 I_1），按照表 3-4-3 的要求，记录相应的 U_2 值，填入表 3-4-3 中。

图 3-4-6　电流源图标

表 3-4-3　CCVS 转移特性数据记录表

I_1/mA	0.1	1.0	2.0	3.0	5.0	7.0	8.0	9.0	9.5
U_2/V									

2）受控源 CCVS 的负载特性 $U_2 = f(U_1)$

开关 K 闭合，接入电流表。保持 $I_s = 2\text{mA}$（即 $I_1 = 2\text{mA}$）。按照表 3-4-4 要求，调节可变电阻（$R_L = 10\text{k}\Omega$）的阻值，测量 U_2 及 I_2，填入表 3-4-4 中。

表 3-4-4　CCVS 负载特性数据记录表

$R_L/\text{k}\Omega$	0.5	1	2	4	5	6	8	10	∞
U_2/V									
I_2/mA									

3. 电压控制电流源（VCCS）

如图 3-4-4 所示在 Multisim 电路工作区创建电路。其中 $R_2 = 10\text{k}\Omega$。

1）受控源 VCCS 的转移特性 $I_2 = f(U_1)$

$R_L = 2\text{k}\Omega$（固定电阻），开关 K 闭合（不接电流表）。按照表 3-4-5 要求，调节直流稳压电源的输出电压 U_1，记录相应的 I_2 值，填入表 3-4-5 中。

表 3-4-5　　VCCS 转移特性数据记录表

U_1/V	0	1	2	3	5	7	8	9
I_2/mA								

2）受控源 VCCS 的负载特性 $I_2 = f(U_2)$

开关 K 断开，接入电流表。保持 $U_1 = 2\text{V}$，调节可变电阻（$R_L = 1\text{k}\Omega$）的阻值，测量 U_2 及 I_2，填入表 3-4-6 中。

表 3-4-6　　VCCS 负载特性数据记录表

R_L/Ω	50	100	200	400	500	600	800	1000
U_2/V								
I_2/mA								

四、思考题

1. 受控电源与独立电源的区别是什么？

2. 受控源的控制特性是否适合交流信号？

3. 根据实验数据，分别绘出三种受控源的转移特性和负载特性曲线。根据三种受控源转移特性曲线的线性部分求出 μ、r、g，与它们根据电路元件的计算值比较。

实验五

正弦交流电路的相量关系

一、实验目的

1. 研究正弦交流电路中电压、电流相量之间的关系。
2. 研究电阻、电容、电感在正弦交流电路中的特性。
3. 进一步理解相量法的适用条件。
4. 熟悉 Multisim 中示波器的使用方法。

二、实验原理

1. 正弦量是具有大小和相位差的量,称为"相量",以区别于"标量"和"矢量"。正弦交流稳态响应的计算可方便地运用相量进行复数运算,此时基尔霍夫定律应采用相量表示为:

$$\sum_{k=1}^{n} \dot{I}_k = 0 \qquad \sum_{k=1}^{n} \dot{U}_k = 0$$

因此在正弦交流电路的任一闭合回路中,测得的各部分电压有效值的代数和是不满足基尔霍夫定律的;同时测得汇集于任一节点的各电流有效值的代数和也是不满足基尔霍夫电流定律的,应考虑其相量关系。

相量法的计算仅限于正弦交流电路,不适用非正弦交流电路。

2. 相量只能表征或代表正弦波,并不等于正弦波。相量在复平面上可用有向线段表示,如图 3-5-1 所示。相量在复平面上的图示称为相量图。

在正弦稳态电路中这三种基本元件的相量形式分别为:电阻元件 R 中的电流与电压相位差为 $0°$(同相);电容元件 C 中的电流超前电压的角度为 $90°$;电感元件 L 中的电流滞后电压的角度为 $90°$,如图 3-5-2 所示。

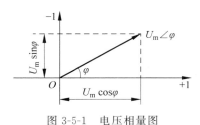

图 3-5-1　电压相量图

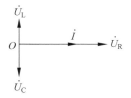

图 3-5-2　RLC 串联电路的相量图

3. 相位差测量。在电路测试中,相位差测量(简称相位测量)方法很多,主要有示波器测量法、比较测量法和直接读数法三种。本实验只介绍示波器测量法。

1) 双线(踪)示波器法(标尺法)

将两个被测信号分别接入双踪示波器的 Y 轴输入端,即 CH1 和 CH2 输入端,如图 3-5-3 所示,此时示波器 X 轴的线性锯齿波电压同时对两个被测信号进行扫描,调节两条扫描线(即时间基线)使之重合,于是在示波器的荧光屏上就可以同时显示两个信号的波形,如图 3-5-4 所示。扫描的触发信号宜选择 u_i、u_R 中相位超前的一个。Multisim 中示波器的调用过程是仿真→仪器→示波器。

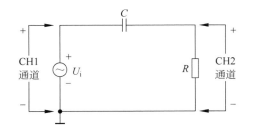

图 3-5-3　双线(踪)示波器测量相位差

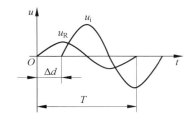

图 3-5-4　荧光屏上同时显示两个信号波形

根据荧光屏上显示的 u_i、u_R 两个信号的波形,用光标读出波形一个周期所占的格数 T(所对应的相位角为 $360°$)和两个波形最大值(或零值)之间的格数 Δd(对应于相位差 φ),从而求得相位差

$$\varphi = \frac{\Delta d}{T} \times 360°$$

2) 单线示波器法(李萨如图形法)

若用单线示波器法进行相位差的测量,则可以采用李萨如图形法(椭圆法,如图 3-5-5 所示)或两次波形显示法。本实验仅介绍李萨如图形法。

两个已知频率的信号,相位超前的信号接入 CH2 通道,另一信号接入 CH1 通道。分别调节 CH1 通道的垂直灵敏度微调和 CH2 通道的垂直灵敏度微调,使显示屏所显示的两个波形的图形相等;单击 SWEEP 按钮,打开 SWEEP 菜单,在格式一栏中选择 X-Y 方式,这时显示屏显示的图形为椭圆,如图 3-5-5 所示。读出图形与 X 轴最

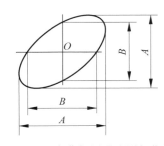

图 3-5-5　李萨如图形法测相位差

大间距的格数为 A 格,与 X 轴最小间距的格数为 B 格,阻抗的辐角为

$$\varphi = \arcsin(B/A)$$

若 B 等于零,则显示图形为一条 45°的斜线,说明相位差为零,即两个波形相位同相;若 B 等于 A,则显示图形为一个圆,说明相位差为 90°。李萨如图形法只能测相位差的绝对值,至于超前与滞后的关系,应通过示波器法判断。

三、实验内容

1. 观察 R、L、C 元件在正弦交流电路中的相位关系

(1)双踪法。如图 3-5-6 所示在 Multisim 电路工作区创建电路,用示波器分别测量当开关 K 接通 a、b、c 时各元件电压与电流的波形,将其数据及波形(在一个周期的波形上标出 Δd、T 的位置)记录在表 3-5-1 中。

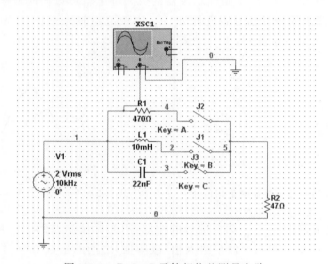

图 3-5-6　R、L、C 元件相位差测量电路

表 3-5-1　相位差测量数据和波形记录表

测量参数 开关 K 位置	标　尺　法				李萨如图形法			
	T	Δd	φ	双 踪 波 形	T	Δd	φ	李萨如图形
接 a(电阻元件) $R=470\Omega$ $t/\mathrm{Div}=$_____								
接 b(电感元件) $L=10\mathrm{mH}$ $t/\mathrm{Div}=$_____								

续表

测量参数 开关 K 位置	标　尺　法				李萨如图形法			
	T	Δd	φ	双踪波形	T	Δd	φ	李萨如图形
接 c（电容元件） $C = 22$ nF $t/\text{Div} = \underline{\qquad}$								

注意：单刀三掷开关可以自行创建。

（2）李萨如图形法。如图 3-5-6 所示在 Multisim 电路工作区创建电路，分别用示波器显示并测量当开关 K 接通 a、b、c 时各元件上的李萨如图形，将其数据及图形记录在表 3-5-1 中。

2．正弦交流电路的三角形关系及判断电路性质

（1）如图 3-5-7 在 Multisim 电路工作区创建电路，输入信号为 $U_{\text{seff}} = 5\text{V}$（有效值）、$f = 10\text{kHz}$ 的正弦波。

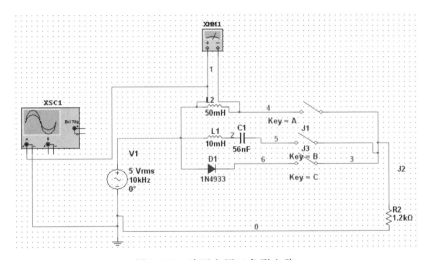

图 3-5-7　验证电压三角形电路

（2）用毫伏表测量开关 K 接通 A、B、C 时各元件的电压值，在实验中，用万用表代替毫伏表，记入表 3-5-2 中。

表 3-5-2　验证电压三角形及判断电路性质数据记录表

开关 K 位置	电路形式	信号源 U_s	电阻电压 U_R	电感电压 U_L	电容电压 U_C	二极管 电压 U_D	计算值 U_s	输入信号 u_s 与 电流波形 i （在同一坐标系中）
A	RL 电路							
B	RLC 电路							
C	RLD 电路							

（3）用示波器观察并定量描绘电路中输入信号 U_s 与电流波形 i（即电阻两端 U_R 的波形），并定量描绘。

　　注意：双踪显示，选择输入耦合为"接地"，调节垂直移位旋钮（⬍）使示波器 CH1、CH2 通道的"0V 线"重合；然后选择输入耦合为"交流"。

四、思考题

1. 完成表 3-5-1 并讨论 R、L、C 元件电压与电流的相位关系。
2. 根据表 3-5-2 数据，验证当开关 K 接通 A、B、C 时各电压是否符合电压三角形关系？
3. 判断当开关 K 接通 b 时电路的性质并说明理由。

实验六

R、L、C 阻抗特性测试

一、实验目的

1. 熟悉电阻、电感、电容在交流电路中的阻抗特性。
2. 理解电阻、感抗、容抗与频率之间的关系。
3. 进一步掌握正弦交流电路中 R、L、C 元件端电压与电流的相位关系。

二、实验原理

1. 在正弦交流信号作用下,电阻、电感、电容元件在电路中的阻抗分别为:

$$Z_R = R$$

$$Z_C = jX_C \left(X_C = -\frac{1}{\omega C} \right)$$

$$Z_L = jX_L (X_L = \omega L)$$

它们与频率的关系如图 3-6-1 所示,从图中可知电阻在电路中的抗流作用与频率无关;电感、电容在电路中的抗流作用与信号的频率有关。

2. 相位差 φ 角的大小由电路(负载)的参数决定,随频率的变化而变化。若 $\varphi = 0(X_L = X_C)$,则电流与电压同相,电路呈阻性;若 $\varphi > 0(X_L > X_C)$,则电流滞后电压 φ 角,电路呈感性;若 $\varphi < 0(X_L < X_C)$,则电流超前电压 φ 角,电路呈容性。

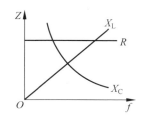

图 3-6-1　电阻、电感、电容元件的
阻抗频率特性

三、实验内容

1. 观察 R、L、C 元件在正弦交流电路中的阻抗频率特性

如图 3-6-2 所示电路在 Multisim 电路工作区创建电路。

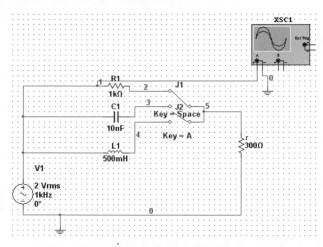

图 3-6-2 R、L、C 元件阻抗频率特性实验电路

（1）信号源输出正弦波，其电压有效值 $U=2\text{V}$，保持不变。调节正弦波的频率从 1kHz 逐渐增至 20kHz。

（2）开关 K 分别接通 R、L、C 三个元件，用示波器测量 U_r 值，并通过计算得到各频率点的 R、X_L、X_C 的值，记录于表 3-6-1 中。用示波器测量电压值时，接通电路，双击示波器图标，用光标将标尺线移至波形峰值位置，读出相应的示数，如图 3-6-3 所示。

表 3-6-1 R、L、C 元件阻抗率特性数据记录表

实验条件			频率 f/kHz	1	2	5	10	15	20
开关 K 位置	a	测量值/V	U_r						
		计算值/mA	$I_R=U_r/r$						
		计算值/kΩ	$R=U/I_R$						
	b	测量值/V	U_r						
		计算值/mA	$I_C=U_r/r$						
		计算值/kΩ	$X_C=U/I_C$						
	c	测量值/V	U_r						
		计算值/mA	$I_L=U_r/r$						
		计算值/kΩ	$X_L=U/I_L$						

2. 用标尺法分别测量 RL、RC 串联的阻抗角 φ（相位差）

如图 3-6-4 所示在 Multisim 电路工作区创建电路，分别用双踪示波器观察并测量在不

同频率下 RC、RL 串联阻抗角 φ 的变化情况,记入表 3-6-2 中。其中 Δd 的测量是在双踪示波器上有波形的情况下将两条标尺线拉至 AB 两通道波形峰值处,读出时间差;周期 T 是将标尺线放在同一波形的相邻峰值处,时间差即周期值。

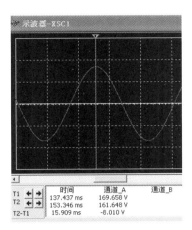

图 3-6-3　示波器读数

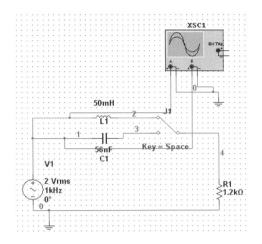

图 3-6-4　测量 RC、RL 串联的阻抗角 φ 的实验电路

表 3-6-2　RL、RC 串联阻抗角 φ 的数据记录表

实验项目	频率 f/kHz	0.5		1		2		5		10		15		20	
		RC	RL	RC	RL	RC	RL	RC	RL	RC	RL	RC	RL	RC	RL
t/Div=	Δd														
	T														
$\varphi=\dfrac{\Delta d}{T}\times360°$															

四、思考题

1. 根据表 3-6-1 中的要求,计算不同频率下的 R、L、C 的阻抗值;

2. 根据表 3-6-1 中数据,定量描绘 R、L、C 三个元件的阻抗频率特性曲线,并讨论三个元件与频率、电流的关系;

3. 根据表 3-6-2 中的数据,定量描绘 RL、RC 串联阻抗角 φ 频率特性曲线,并判断电路性质。

实验七

串联谐振的特性研究

一、实验目的

1. 学会测量谐振频率的方法。
2. 掌握测试 RLC 串联电路的谐振曲线、通频带和品质因数的方法。
3. 进一步了解交流电路发生谐振现象的条件和谐振电路的特性。

二、实验原理

1. 实验电路

RLC 的二阶网络如图 3-7-1 所示。当正弦交流信号源的频率 f 改变时,电路中的容抗、感抗、阻抗、电流随之改变。若 $\omega L = \dfrac{1}{\omega C}$(电源频率 f 等于电路的固有频率)即 $f = f_0 = \dfrac{1}{2\pi\sqrt{LC}}$,这时电源电压与电路中的电流的同相位,电路的这

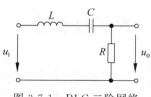

图 3-7-1 RLC 二阶网络

种状态称为谐振,f_0 称为谐振频率。

2. 串联谐振的特征

(1) 由于 RLC 串联电路发生谐振时,电路的电抗 X 等于零,所以谐振时电路的复阻抗为

$$Z = R + jX = Z_{\min} = R$$

此时总阻抗最小,电路对外呈纯电阻性。

(2) 谐振时电路中的电流的有效值为

$$I = U/R$$

当电源电压 U 保持不变，谐振时电路的电流达到最大。

（3）虽然谐振时电路的电抗为零，但电路的感抗与容抗是客观存在的，两者大小相等，对外的作用相互抵消。谐振时的感抗或容抗的与电阻的比值称电路的品质因数，用 Q 表示，即

$$Q = U_L/U = U_C/U = \omega_0 L/R = 1/\omega_0 RC$$

电路的品质因数 Q 的大小完全取决于电路的参数，是体现谐振电路质量好坏的一个重要标志。

（4）电路谐振时，电感和电容上的电压分别为

$$U_L = U_C = QU$$

谐振时电感上的电压和电容两端的电压大小相等，相位相反，它们的数值都是电源电压的 Q 倍。当电路的 Q 值远大于 1 时，电感和电容上的电压数值将很大，因此串联谐振也称电压谐振。由于串联谐振时，电容、电感的电压是电源电压的 Q 倍，因此在电力工程中一般应避免发生串联谐振，防止谐振产生的高压击穿电气绝缘，造成人身伤害和损坏仪器；但在无线电工程中则常利用串联谐振来获得较高的电压，用于选频（滤波）或测量。

3. 幅频特性

RLC 串联电路中电流 I 与电源频率 f（或角频率）的关系，称为幅频特性，表明其关系的图形称为幅频特性曲线，在参数 L、C 决定了电路谐振点（谐振频率 f_0）的位置后，电路幅频特性曲线的形状（Q 值的大小）便取决于电阻 R 的大小，如图 3-7-2 所示。

由图 3-7-2 中的谐振曲线可见，在谐振频率 f_0 附近电流较大，离开 f_0 则电流很快下降，所以电路对频率具有选择性，而且 Q 值越大，则电流下降越快，即谐振曲线越尖锐，电路对频率选择性越好。

此外，电路对于频率的选择能力还用通频带来衡量。规定在电流 I 值等于最大值的 70.7%（$1/\sqrt{2}$）处频率的上下限之间的宽度称为通频带，即通频带宽度 $\Delta f_{0.7} = f_2 - f_1$。同时通过谐振曲线也可以知道品质因数 $Q = \dfrac{f_0}{\Delta f_{0.7}} = \dfrac{f_0}{f_2 - f_1}$。在恒压源供电时，电路的品质因数、选择性与通频带与信号源无关，只取决于电路本身的参数。

4. 测量串联谐振电路的谐振曲线

实验时取电阻 R 上的电压作为响应，以此来估计电路中的电流大小。当输入电压保持不变时，电阻 R 的电压在不同频率信号的作用下的响应曲线就是谐振曲线。以 U_o/U_i 为纵坐标（因 U_i 不变，故也可以直接以 U_o 为纵坐标），以 f 为横坐标，绘出光滑的曲线，即为幅频特性曲线，亦称串联谐振曲线，如图 3-7-3 所示。

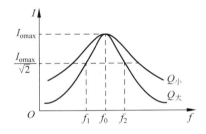

图 3-7-2　不同电阻 R 时的串联谐振曲线

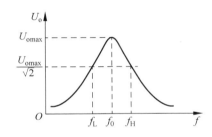

图 3-7-3　串联谐振曲线

三、实验内容

1. 测量谐振频率 f_0 及各元件电压值

实验步骤如下：

（1）在 Multisim 电路工作区按图 3-7-4 创建电路，创建好的电路如图 3-7-5 所示。将开关 K 合在 a 位置，将 820Ω 电阻接入 RLC 回路中。

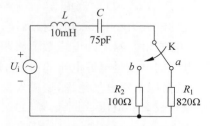

图 3-7-4　RLC 串联谐振曲线测试电路

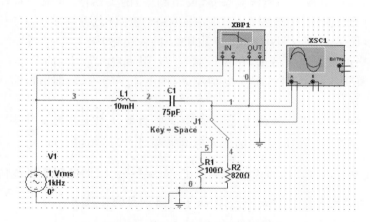

图 3-7-5　Multisim 中创建的电路

（2）测量谐振频率 f_0。

打开电路开关，双击波特图仪图标，出现如图 3-7-6 所示的界面，移动标尺线直至最高点，记录下对应的频率值即为谐振频率。

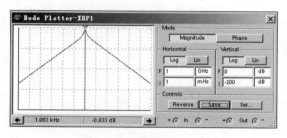

图 3-7-6　波特图仪界面

用示波器测量 U_R、U_L 和 U_C 值,记录在表 3-7-1 中。

表 3-7-1　RLC 串联谐振时各元件电压值及谐振频率

测试条件　　　项目	f_0		U_{iPP}	U_{LPP}	U_{CPP}	$U_{RPP}(U_o)$
	理论值	测量值				
$R_1 = 820\Omega$						
$R_2 = 100\Omega$						

2. 测量谐振曲线

实验步骤如下:

(1) 将开关 K 合在 a 的位置,将 $R_2 = 820\Omega$ 的电阻接入电路中。

利用上述方法,移动标尺线,使电阻 R 上的输出电压值 U_o 下降为 $0.8U_{omax}$、$0.7U_{omax}$、$0.5U_{omax}$、$0.3U_{omax}$、$0.1U_{omax}$ 时分别记下其频率值(注意 dB 与幅度的转换),记录在表 3-7-2 中。

表 3-7-2　RLC 串联谐振曲线

f/kHz　U_o　　R	$0.1U_{omax}$	$0.3U_{omax}$	$0.5U_{omax}$	$0.7U_{omax}$	$0.8U_{omax}$	U_{omax}	$0.8U_{omax}$	$0.7U_{omax}$	$0.5U_{omax}$	$0.3U_{omax}$	$0.1U_{omax}$
$R_1 = 820\Omega$											
$R_2 = 100\Omega$											

(2) 如图 3-7-4 所示,开关 K 合在 b 的位置,将 $R_2 = 100\Omega$ 的电阻接入 RLC 回路中。

① 测量回路谐振频率 f_0,记入表 3-7-1 中。

② 测量谐振曲线,将测量数据记入表 3-7-2 中。

四、思考题

1. 根据表 3-7-1 中的数据,比较谐振时输出电压 U_o 与输入电压 U_i 是否相等? 试分析原因。

2. 根据表 3-7-2 中的实验数据,绘出 820Ω、100Ω 的谐振曲线,并在谐振曲线中标出 f_0、f_1、f_2; 同时对 820Ω、100Ω 的谐振曲线进行比较得出结论。

3. 在 820Ω、100Ω 时的谐振曲线中找出谐振频率 f_0,并根据谐振曲线计算品质因数 Q 和通频带 $\Delta f_{0.7}$。

4. 根据表 3-7-1 中电感线圈电压 U_L、电阻端电压 U_R 的数值,计算电感线圈 L 的值。

实验八

双T网络频率特性的研究

一、实验目的

1. 熟悉由电阻和电容组成的低通和高通电路幅频特性。
2. 掌握双 T 网络的幅频特性和相频特性。
3. 掌握用逐点测试法测量网络的幅频和相频特性。

二、实验原理

网络的响应相量与激励相量之比是频率 ω 的函数,称为正弦稳态下的网络函数,表示为

$$H(j\omega) = \frac{U_2}{U_1} = | H(j\omega) | \varphi(\omega)$$

其模 $|H(j\omega)|$ 随频率 ω 变化的规律称为幅频特性,幅角 $\varphi(\omega)$ 随 ω 变化的规律称为相频特性。为使频率特性曲线具有通用性,常以频率作为横坐标。通常,根据随频率 ω 变化的趋势,将 RC 网络分为"低通(LP)电路""高通(HP)电路""带阻(BS)电路"等。在如图 3-8-1 所示的双 T 电路图中,根据开关 K_1、K_2 的闭合与断开情况可以演绎出多种电路。

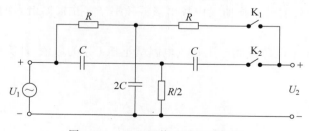

图 3-8-1　双 T 网络基础电路模型

1. 低通网络

在图 3-8-1 中,如果仅合上开关 K_1,则是由两个电阻 R 和电容 $2C$ 组成的 T 型网络,输出电压实际上是电容 $2C$ 的电压。所以这种 T 型网络实质上是电阻 R 与电容 $2C$ 的串联电路,因此电路可以简化为如图 3-8-2(a)所示的电路模型。而从电容上输出电压,因此其传递函数为:

$$H_1(\mathrm{j}\omega) = \frac{1}{R + 1/\mathrm{j}\omega 2C} \frac{1}{\mathrm{j}\omega 2C} = \frac{1}{1 + \mathrm{j}2\omega CR}$$

其幅频特性为:

$$|H_1(\mathrm{j}\omega)| = \frac{1}{\sqrt{1 + (2\omega CR)^2}} = A_1(\omega)$$

相频特性为:

$$\varphi_1(\omega) = -\arctan(2\omega CR)$$

其幅频和相频特性分别如图 3-8-2(b)、(c)所示。从幅频特性图中可以看出,$|H_1(j\omega)|$ 随着频率的增加而下降,最终趋近于零,当 $\omega = \omega_c = 1/2RC$ 时,$|H_1(j\omega)| = 1/\sqrt{2}$,经过这一点,曲线急速下降,说明频率高于 ω_c 的输入信号,经过网络将被大大衰减,仅能得到很小的输出,对于频率小于 ω_c 的输入信号,能顺利地通过该网络,因此被称为低通网络,而 $\omega = \omega_c$,这一点称为网络的上限截止频率。

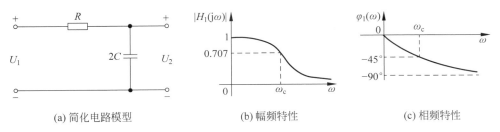

(a) 简化电路模型　　　　(b) 幅频特性　　　　(c) 相频特性

图 3-8-2　RC 低通网络及其幅频与相频特性图

2. 高通网络

在图 3-8-1 中,如果仅合上 K_2,则是由两个电容 C 和电阻 $R/2$ 组成的 T 型网络,输出电压实际上是电阻上的电压。所以这种 T 型网络实质上是电阻 $R/2$ 和电容 C 的串联电路,因此电路可以简化为如图 3-8-3(a)所示的电路模型。不同的是,从电阻上输出电压。因此传递函数为:

$$H_2(\mathrm{j}\omega) = \frac{R/2}{R/2 - \mathrm{j}\dfrac{1}{\omega C}} = \frac{1}{1 - \mathrm{j}\dfrac{2}{\omega CR}}$$

其幅频特性为:

$$|H_2(\mathrm{j}\omega)| = \frac{1}{\sqrt{1 + (2/\omega CR)^2}} = A_2(\omega)$$

相频特性为:

$$\varphi_2(\omega) = \arctan(2/\omega CR)$$

其幅频和相频特性图如图 3-8-3(b)、(c)所示。

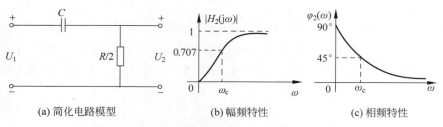

(a) 简化电路模型　　　　(b) 幅频特性　　　　(c) 相频特性

图 3-8-3　RC 高通网络及其幅频与相频特性图

从幅频特性图中可以看出，随着频率的增加，$|H_2(j\omega)|$ 也增加，最终趋近于 1。当 $\omega = \omega_c = 1/RC$ 时，$|H_2(j\omega)| = 1/\sqrt{2}$。对于频率小于 ω_c 的输入信号，$|H(j\omega)|$ 急速下降，说明频率高于 ω_c 的输入信号能顺利通过这种网络，而频率低于 ω_c 的输入信号将被大幅衰减，仅能得到很小的输出。因此被称为高通网络，而 $\omega = \omega_c$ 这一点称为网络的下限截止频率。

3. 带阻网络

在图 3-8-1 中，如果同时合上 K_1、K_2，就得到由两个 T 型电路并联运行的网络，即称为双 T 网络，其电路模型见图 3-8-4(a)。要写出传递函数，需要进行变化，等效成 π 型网络。该双 T 网络的传递函数为：

$$H_3(j\omega) = \frac{(1 - \omega CR)^2}{1 - (\omega CR)^2 + 4j\omega CR}$$

从上式可以看出，当 $\omega = \omega_0 = 1/RC$ 时，$H_3(j\omega) = 0$，即说明如果输入信号的频率为 ω_0，则该双 T 网络没有输出信号，该现象称为双 T 网络的选频特性。基于这种特性，电子线路中利用它作为反馈网络来生成成振荡器。从上式可求出其幅频特性。

其幅频特性为：

$$|H_3(j\omega)| = \frac{\left(1 - \dfrac{\omega}{\omega_0}\right)^2}{\sqrt{\left[1 - \left(\dfrac{\omega}{\omega_0}\right)^2\right]^2 + \left(\dfrac{4\omega}{\omega_0}\right)^2}} = A_3(\omega)$$

相频特性为：

$$\varphi_3(\omega) = -\arctan \frac{4\dfrac{\omega}{\omega_0}}{1 - \left(\dfrac{\omega}{\omega_0}\right)^2}$$

双 T 网络的频率特性可用 T 型低通网络和 T 型高通网络并联工作来加以定性解释。$\omega < \omega_0$ 的特性主要取决于低通电路，$\omega > \omega_0$ 的特性主要取决于高通网电路，在它们的衔接点 ω_0 处没有输出。但应注意：不能理解成双 T 网络的特性就是两个单 T 网络的简单迭加。

因此对于如图 3-8-4(a)所示的双 T 带阻网络，其幅频和相频特性图如图 3-8-4(b)、(c)所示。

在幅频特性图中，当幅度下降为最大幅度的 $1/\sqrt{2}$ 时，对应两点截止频率 ω_{c1} 和 ω_{c2}，因此阻带 $\mathrm{BW} = \omega_{c2} - \omega_{c1}$。相频特性曲线可见，当 $\omega < \omega_0$ 时，$\varphi_3(\omega)$ 在 $0° \sim -90°$ 之间变化；当

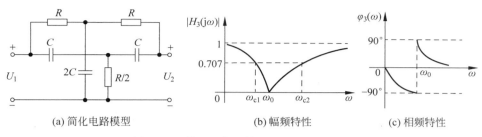

(a) 简化电路模型　　　　(b) 幅频特性　　　　(c) 相频特性

图 3-8-4　带阻网络及其幅频与相频特性图

$\omega>\omega_0$ 时，$\varphi_3(\omega)$ 在 $90°\sim0°$ 之间变化；当 $\omega=\omega_0$ 时，$\varphi_3(\omega)$ 在 $-90°\sim90°$ 之间有一个急剧变化的情况，说明在这一点上 $\varphi_3(\omega)$ 的不稳定状态。

三、实验内容

在 Multisim 电路工作区搭建如图 3-8-5 所示电路，并按图 3-8-6 连接电路（此处毫伏表用万用表代替）。

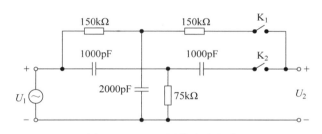

图 3-8-5　双 T 网络实验电路

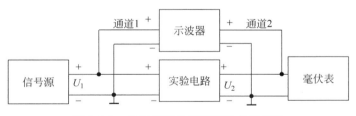

图 3-8-6　双 T 网络电路外部设备连接图

（1）闭合 K_1、断开 K_2，调用安捷伦函数信号发生器，各功能键如图 3-8-7 所示。

单击 Power 开启电源，然后选择 AM 正弦波，通过旋钮或者方向键设定函数信号发生器的信号输出波形电压峰-峰值 $U_{1P-P}=2V$，并通过双踪示波器通道 1 观察输出信号是否满足上述特征。保持 U_1 端正弦波的电压幅度，单击 Freq 频率显示频率调节界面，如图 3-8-8 所示。

通过旋钮调整其频率，并记录毫伏表（万用表）对应的读数（输出端 U_2 的有效值），同时通过示波器通道 2 观察输出端 U_2 的波形情况。

要求：选 6 个以上测试频率，注意测试频率的合理分布，以绘制出理想的特性曲线，将

正弦波 方波　三角波　锯齿波　噪声源 任意波　回车键　显示调节 外触发
(调幅)(调频)(键控调制)(脉冲调制)(扫描)(倾斜)(菜单操作)屏幕旋钮　输入

电源 波形 幅度 偏置修改　单触发　记忆　输入数字　功能 单位 信号
开关 频率(电平)(占空比)(内部触发)(存储)(取消上次操作)切换 输入 输出端

图 3-8-7　功能键

图 3-8-8　频率调节界面

数据记录在表 3-8-1 中,并根据所测数据绘制幅频特性曲线模型。

表 3-8-1　不同测试频率下的输出电压(闭合 K_1)

$U_{1P\text{-}P}=2V$	1	2	3	4	5	6
$U_{2\text{eff}}$						
f/kHz						

(2) 断开 K_1、闭合 K_2,按照步骤(1)进行实验。

要求:选 6 个以上测试频率,注意测试频率的合理分布,以绘制出理想的特性曲线,将数据记录在表 3-8-2 中,并根据所测数据绘制幅频特性曲线模型。

表 3-8-2　不同测试频率下的输出电压(闭合 K_2)

$U_{1P\text{-}P}=2V$	1	2	3	4	5	6
$U_{2\text{eff}}$						
f/kHz						

(3) 同时闭合 K_1、K_2,按照步骤(1)记录 f/kHz 及 $U_{2\text{eff}}$,同时通过双踪示波器的标尺线测出周期 T,如图 3-8-9 所示,并通过通道 1 与通道 2 的波形关系测出时间差 τ,并计算出相位 ϕ。

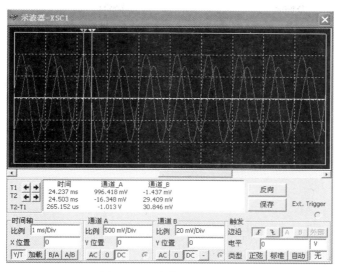

图 3-8-9　示波器显示界面

要求：选 9 个以上测试频率，注意测试频率的合理分布，以绘制出理想的特性曲线，将数据记录在表 3-8-3 中，并根据所测数据绘制幅频特性与相频特性曲线模型。

表 3-8-3　不同测试频率下的输出电压、周期时间差及相位（闭合 K_1、K_2）

$U_{1P-P}=2V$	1	2	3	4	5	6	7	8	9
f/kHz									
U_{2eff}									
T									
τ									
ϕ									

四、思考题

1. 计算图 3-8-1 中，只闭合开关 K_1 或 K_2 时电路的传输函数。

2. 计算图 3-8-1 中，当开关 K_1、K_2 同时闭合时，电路的电压传输函数，并绘出幅频和相频特性简图，指出 ω_0、ω_{c1} 和 ω_{c2} 各为多少？

3. 将理论计算和实验所得低通、高通电路的通频带、截止频率以及带阻电路的阻带、ω_0 等参数相比较，试分析误差产生的原因。

4. 在实验内容的步骤（3）中，对相频特性进行了测量，试分析相频特性的正负是如何确定的。

实验九

周期信号频谱特性的研究

一、实验目的

1. 掌握周期信号频谱的测试方法，建立信号波形与频谱模式之间的联系。
2. 了解正弦波、矩形波、全波整流、三角波等信号频谱的特点。
3. 学习 Multisim 软件中频谱分析仪的使用。

二、实验原理

对任意一个周期信号都有一个与之相对应的频谱。信号的频谱可分为振幅频谱、相位频谱和功率频谱，分别是将信号的基波和各次谐波的振幅、相位和功率按频率高低依次排列而成的图形。一般不加说明的频谱都是指振幅频谱。

测试频谱方法常用三种：

（1）用选频电平表或波形分析仪对信号进行逐个频率测试。

（2）用频谱分析仪对被测信号进行扫描，直接在屏幕上显示其振幅频谱曲线。

（3）用计算机辅助软件对被测波形进行分析而得到其振幅频谱和相位频谱，这种方法简单明了，可以快速、精确地显示出振幅频谱和相位频谱。

本实验采用选频电平表依次将所需的频率分量从被测周期信号中选出来，然后对其幅度进行测试，从而让学生加深理解周期信号的频谱具有离散性的特点。

周期信号频谱的特点：离散性、谐波性、收敛性。这种频谱的谱线仅出现在基波频率的整数倍处，而且谱线幅度变化的趋势总是随频率增大而减小。常用周期信号的频谱特性如下：

（1）周期性矩形脉冲信号的频谱是按照 $\sin x / x$ 规律变化的，如图 3-9-1 所示。它的第

一个零点为 $1/\tau$,取决于脉宽 τ。频率从 $0\sim1/\tau,2/\tau,\cdots,n/\tau$ 等各零点之间的谱线数量取决于比值 T/τ。若为 2 倍,则两零点之间有 1 条谱线。若为 4 倍,则两零点之间有 3 条谱线。即两零点之间的谱线数量为 $n=(T/\tau-1)$。

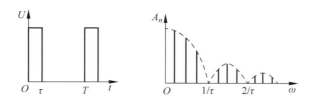

图 3-9-1　周期性矩形脉冲信号的频谱

(2) 半波奇对称周期信号——奇谐函数。

这类信号所对应的频谱,仅含有奇次谐波分量,如图 3-9-2 所示。

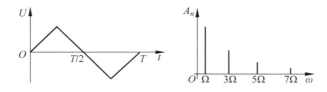

图 3-9-2　半波奇对称周期信号——奇谐函数

(3) 半波偶对称周期信号——偶谐函数。

这类信号所对应的频谱,仅含有偶次谐波分量,如图 3-9-3 所示。

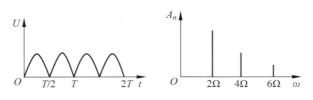

图 3-9-3　半波偶对称周期信号——偶谐函数

三、实验内容

1. 测量周期信号的频谱
(1) 正弦信号:频率 $f=50\text{kHz}$,电压 $U_{\text{p-p}}=5.0\text{V}$。
(2) 三角波:频率 $f=30\text{kHz}$,电压 $U=5.0\text{V}$。
(3) 脉冲信号:频率 $f=25\text{kHz}$,脉宽 $t_{\text{p}}=10\mu\text{s}$,电压 $U=5.0\text{V}$。

要求:用频谱分析仪依次测出正弦波、三角波和脉冲信号中的基波和各次谐波的频率和幅度,并填入表 3-9-1 中。根据表格数据绘出其频谱图。

表 3-9-1　周期信号频谱的数据记录表

信　　号		1	2	3	4	5	6	7	8	9	10	11	12
(1)	f/kHz												
	A/dB												
	U/mV												
(2)	f/kHz												
	A/dB												
	U/mV												
(3)	f/kHz												
	A/dB												
	U/mV												

在仪器列表中拖出频谱分析仪到电路工作区,将其两端分别与信号发生器相连,打开工作开关,然后双击频谱分析仪图标,在表盘的振幅挡选择 dB,然后在左端区域里移动标尺线,直至与电源输出频率相等,读出此时的数值记录在表格中。频谱分析仪的界面如图 3-9-4 所示。

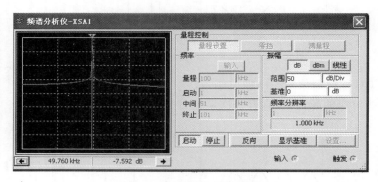

图 3-9-4　频谱分析仪界面

2. 观察正弦信号经全波整流后波形和频谱的变化

将 10kHz 正弦信号通过桥式整流电路如图 3-9-5 所示。定量描绘通过整流电路后的波形,并用上述介绍的方法通过频谱分析仪测量该波形的频谱,画出其振幅频谱图。需要测量到 12 次谐波,并将测量和计算结果记录在表 3-9-2 中。

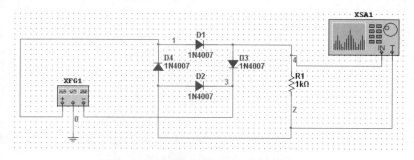

图 3-9-5　观察正弦信号通过桥式整流电路

表 3-9-2　正弦信号经全波整流后的频谱数据记录表

	1	2	3	4	5	6	7	8	9	10	11	12
f/kHz												
A/dB												
U/mV												

四、思考题

1. 通过实验画出各信号的频谱,并进行分析。

2. 周期信号的频谱具有什么特性?

3. 三角波、脉冲信号和全波整流波形的频谱各具有什么特性? 为什么?

4. 与周期信号的傅里叶级数展开比较,其频谱的规律是否一致?

5. 根据频谱测试中的现象分析,说明它们产生的原因。

(1) 谐波幅度的测量值与计算值比较。

(2) 谐波频率的理论值与测量值比较。

(3) 谐波幅度的理论零点和实验零点的差别,试作出解释。

实验十

合成信号频谱特性的研究

一、实验目的

1. 熟悉用安捷伦函数信号发生器产生各种要求的调幅信号。
2. 掌握二信号（时域、频域）的叠加和二信号的调制的本质区别。
3. 熟练 Multisim 中仪器的组合使用。

二、实验原理

1. 二信号的叠加

信号叠加是将两个不同的信号作用于一叠加电路中两个不同的输入端口，其输出端为两个信号的线性叠加结果，如图 3-10-1 所示。

傅里叶变换的线性特性：若

$$f_1(t) \longleftrightarrow F_1(j\omega) \quad f_2(t) \longleftrightarrow F_2(j\omega)$$

则

$$a_1 f_1(t) + a_2 f_2(t) \longleftrightarrow a_1 F_1(j\omega) + a_2 F_2(j\omega)$$

本实验所采用的叠加电路如图 3-10-2 所示。

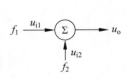

图 3-10-1　两个不同信号的叠加

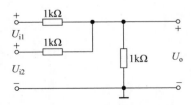

图 3-10-2　两个信号叠加的电路

2. 二信号的调制

信号调制是用一个低频信号去控制一个高频载波。信号的调制通常分为调幅和调频两种。

1）调幅

用低频信号控制高频载波的幅度随低频信号幅度变化,如图 3-10-3 所示。

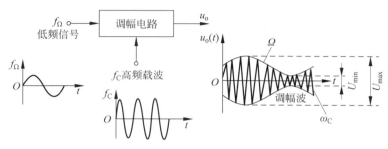

图 3-10-3　调幅信号产生原理图

调幅信号的频谱与调制信号是有联系的,它的频谱是以载波频率为中心,在两侧对称地重现调制信号的频谱,如图 3-10-4 所示。

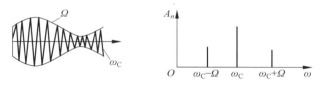

图 3-10-4　调幅波信号频谱

描述调幅信号的一个重要参数——调幅系数,符号为 m_a,调幅系数 m_a 定义为调制信号振幅与载波振幅之比 $m_a = \dfrac{u_\Omega}{u_C}$,其实验测定方法为

$$m_a = \frac{U_{\max} - U_{\min}}{U_{\max} + U_{\min}}$$

式中,$U_{\max}$ 是调幅信号中的最大振荡幅度峰-峰值;$U_{\min}$ 是调幅信号中的最小振荡幅度峰-峰值。

本实验主要采用调幅信号的时域和频域的波形。

2）调频

一个低频信号控制一个高频载波频率随低频信号幅度的变化,如图 3-10-5 所示。

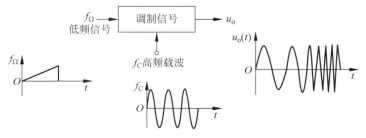

图 3-10-5　调频信号产生原理图

三、实验内容

1. 信号的叠加

在 Multisim 电路工作区搭建一个如图 3-10-2 所示的叠加电路。

在叠加电路中的信号输入端口 u_{i1}、u_{i2} 分别输入下列信号,在输出端将产生这两个线性叠加的信号。

实验测试输入信号为:

(1) 正弦信号和正弦波信号叠加。

u_{i1} 参数(正弦波信号):

$$f = 25\text{kHz} \quad U_{\text{p-p}} = 5.0\text{V}$$

u_{i2} 参数(正弦波信号):

$$f = 100\text{kHz} \quad U_{\text{p-p}} = 3.0\text{V}$$

(2) 脉冲信号和正弦波信号叠加。

u_{i1} 参数(方波信号):

$$f = 25\text{kHz} \quad U_{\text{p-p}} = 5.0\text{V}$$

u_{i2} 参数(正弦波信号):

$$f = 100\text{kHz} \quad U_{\text{p-p}} = 3.0\text{V}$$

要求:

(1) 用示波器观察并绘制出输出端的叠加信号 u_{o} 的波形。

(2) 用选频电平表测量叠加信号 u_{o} 的频谱,并绘制出叠加信号 u_{o} 的频谱图。测出的数据分别填入表 3-10-1。

表 3-10-1　数据记录表

测量项	正弦信号＋正弦信号		脉冲信号＋正弦信号			
	1	2	1	2	3	4
f/kHz						
A/dB						
u_{o}/mV						

创建好电路后,调用出频谱分析仪,接在输出端两端,开启电路开关。对于两个正弦信号叠加,根据仪器上的变化曲线,移动蓝色光标分别在 25k 和 100k 处,读出两处的频谱,记录在表 3-10-1 中;对于正弦信号和方波叠加,测量 4 次谐波处的频谱,记录在表 3-10-1 中。频谱分析仪的显示结果如图 3-10-6 所示。

2. 信号的调幅

测试下列调幅信号的频谱,要求:

(1) 用示波器观察函数信号发生器的输出调幅信号。

(2) 用选频电平表测出数据填入自拟的表格中,并绘出其调幅信号的频谱图。

调幅信号为:

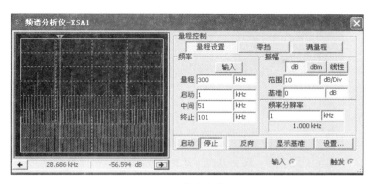

图 3-10-6　频谱分析仪结果图

① 调制信号

$$f_\Omega = 10\text{kHz} \quad U_{\Omega\text{pp}} = 1.3\text{V}$$

高频载波信号

$$f_\text{C} = 500\text{kHz} \quad U_{\text{Cpp}} = 2.0\text{V}$$

调制系数

$$m_a = 1/3$$

② 调制信号

$$f_\Omega = 15\text{kHz} \quad U_{\Omega\text{pp}} = 1.3\text{V}$$

高频载波信号

$$f_\text{C} = 500\text{kHz} \quad U_{\text{Cpp}} = 2.0\text{V}$$

调制系数

$$m_a = 1/2$$

具体步骤如下：

（1）在屏幕默认显示正弦波频率为"1.0000000kHz～"的界面下，先按面板上的功能切换（Shift）键，再单击调幅按钮，则屏幕下方出现 AM 字样，如图 3-10-7 所示。这时可以选择调幅波的载频频率，只要频率位处于跳动状态即可以对它进设置，方法同上所述，这里将载频频率设置成 2.0000000kHz。

图 3-10-7　设置载波频率

（2）确定好载波频率后，再单击 Ampl 按钮，可以设置载波频率的幅度，这里将载频幅度设置成 1.000Vpp～，屏幕显示如图 3-10-8 所示。

（3）载波频率和幅度设置好后，单击"波形频率"（Freq）按钮，回到如图 3-10-7 界面。先

图 3-10-8　设置载波幅度

按"功能切换"(Shift)键,再单击"波形频率"(Freq)按钮,可以设置调制波的频率,这里将调制波的频率设置成 500.0Hz~,屏幕显示如图 3-10-9 所示。

图 3-10-9　设置调制波频率

(4) 将调制波的频率设置好后,单击"幅度"(Ampl)按钮,这里将调制波的幅度设置成 500.0mVpp~,屏幕显示如图 3-10-10 所示。

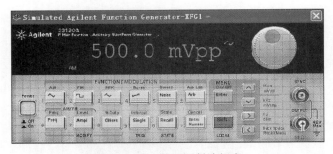

图 3-10-10　设置调制波幅度

以上调幅波的各参数都设置完成后,按"回车键",将以上设置的数据保存起来。

(5) 关闭虚拟函数信号发生器 Agilent 33120A 面板,在电子仿真软件 Multisim 电子平台上调出虚拟示波器并按图 3-10-11(左侧)电路连好,打开仿真开关,双击虚拟示波器 XSC1 图标,打开它的放大面板,可以看到刚才设置的载波频率为 2.0000000kHz、幅度为 1.000Vpp;调制信号为 500.0Hz、调制信号幅度为 500.0mVpp 的调幅波形如图 3-10-11 所示,各栏设置参见图。

波形出现后按照上面所介绍的频谱分析仪的用法测出电平并换算成电压值,记录在表 3-10-2 中。

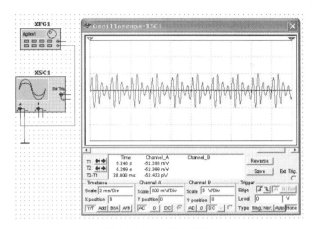

图 3-10-11　调幅波形

表 3-10-2　调幅信号数据记录表

测量项目	信号 1			信号 2		
	1	2	3	1	2	3
f/kHz						
A/dB						
u_o/mV						

四、思考题

1. 根据实验结果分析说明二信号的叠加和二信号的调制有何区别？

2. 线性合成信号和一般周期信号的频谱有哪些共同特性？

3. 若 $f_1(t)$ 的频率为 200kHz 的正弦信号，$f_2(t)$ 为周期 $T=40\mu\mathrm{s}$，脉宽 $t_\mathrm{p}=10\mu\mathrm{s}$ 的脉冲信号，试画出 $f(t)=f_1(t)+f_2(t)$ 所对应的频谱图模式。

4. 用一低频信号频率为 10kHz 的正弦信号去控制载波频率为 400kHz 的高频信号的幅度，试画出该调幅信号的频谱模式。

实验十一

线性时不变系统的分析与测量

一、实验目的

1. 加深对线性时不变电路的理解和认识。
2. 掌握线性时不变电路中叠加特性、比例特性、微分和积分特性等各单元电路的实现方法。
3. 了解线性时不变电路的时延特性。

二、实验原理

1. 描述线性时不变系统的基本运算主要为叠加、系数乘法和积分运算。
2. 线性时不变基本运算单元电路可由应用最方便、性能可靠、稳定的运算放大器来实现。利用线性时不变电路的基本运算单元,可模拟系统的微分方程,实现时域模拟和频域模拟。

(1) 加法器。输出信号等于几个输入信号之和的基本运算电路,如图 3-11-1 所示的反相加法器,其原理如下:

$$I_f = \frac{U_{i1}}{R_1} + \frac{U_{i2}}{R_2}, \quad U_o = -R_f I_f = -\left(\frac{U_{i1}}{R_1} + \frac{U_{i2}}{R_2}\right) R_f$$

而当 $R_1 = R_2 = R$ 时,$U_o = -\dfrac{R_f}{R}(U_{i1} + U_{i2})$。

(2) 系数乘法器。输出信号是输入信号按一定比例方法,其数学模型为 $Y = KX$,其中 Y 为输出信号,X 为输入信号,K 为一个常数,系数乘法器电路如图 3-11-2 所示。

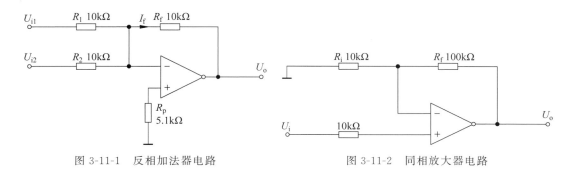

图 3-11-1　反相加法器电路　　　　　　图 3-11-2　同相放大器电路

图中 $U_\text{o} = \left(1 + \dfrac{R_\text{f}}{R_\text{i}}\right) U_\text{i} = K U_\text{i}$，$K = 1 + \dfrac{R_\text{f}}{R_\text{i}}$，放大器的输入阻抗为 $R_\text{in} = \dfrac{R_\text{f}}{R_\text{i}}$。

（3）积分器。积分器的输出信号是输入信号积分后的结果，其数学关系式为 $Y = \int x\,\mathrm{d}t$。积分器可用如图 3-11-3 所示电路实现，其工作原理如下。

因为 $I_\text{i} = I_\text{C}$，$U_\Sigma = 0$，而 $I_\text{i} = \dfrac{(U_\text{C} - U_\Sigma)}{R} = \dfrac{U_\text{i}}{R}$，$I_\text{C} = -\dfrac{\mathrm{d}(U_\text{o}(t))}{\mathrm{d}t}$，所以 $U_\text{o}(t) = -\dfrac{1}{R_\text{C}}\displaystyle\int U_\text{i}(t)\,\mathrm{d}t$，式

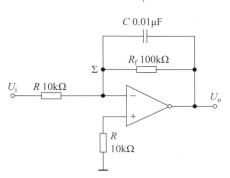

图 3-11-3　积分器电路

中的积分关系是忽略运算放大器输入失调电压和失调电流的影响，另外，为了积分器的稳定性，可在电容 C 的两端并接大阻值的电阻。

3. 线性时不变电路的时延特性。若 $y(t)$ 为 $f(t)$ 信号作用在某线性时不变电路的输出响应，当 $f(t)$ 信号延时 t_0 时间作用于电路，则响应 $y(t)$ 也将延时 t_0 时间，即 $f(t) \rightarrow f(t - t_0)$，$y(t) \rightarrow y(t - t_0)$。

三、实验内容

1. 按图 3-11-1 在 Multisim 电路工作区创建反相加法器。接好的电路如图 3-11-4 所示，这里选择 741 芯片。对于 741 芯片的选择，首先打开主库，在"组"中选择 ALL，然后在"元件"输入区输入 741，如图 3-11-5 所示，即可调用芯片。

（1）在 U_i1 端输入一个频率为 5kHz、幅度 $U_\text{p-p} = 1\text{V}$ 的正弦信号，在 U_i2 端输入一幅度 $U = 1\text{V}$ 的直流电压，打开电路开关，双击示波器观察并定量描绘输出信号 U_o 的波形（注明幅度和周期），并说明 U_i1 与 U_i2 的关系。

（2）在 U_i1 端输入一频率为 5kHz，幅度 $U_\text{p-p} = 1\text{V}$ 的正弦信号，在 U_i2 端输入一幅度 $U = 4\text{V}$、周期 $T = 1\text{ms}$ 的方波信号，打开电路开关，双击示波器观察并定量描绘输出信号 U_o 的波形（注明幅度和周期），并说明 U_i1 与 U_i2 的关系。

2. 按图 3-11-2 在 Multisim 电路工作区创建同相系数乘法器电路，创建好的电路如

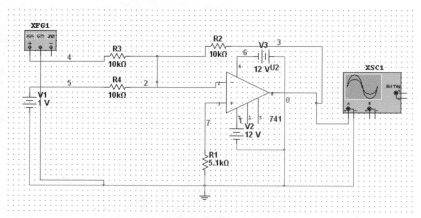

图 3-11-4   Multisim 中反相加法器电路

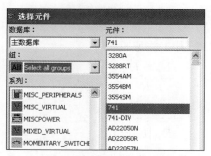

图 3-11-5   芯片的调用

图 3-11-6 所示。

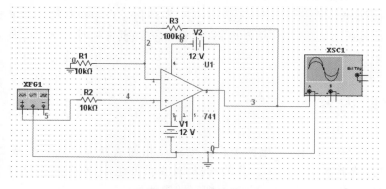

图 3-11-6   乘法器

这里同样选用 741 芯片,创建好后,设置函数信号发生器的输出波,在 U_i 端分别输入下述正弦信号,打开电路开关,双击示波器观察并定量描绘输出信号 U_o 的波形(注明幅度和周期),并说明 U_o 与 U_i 的关系。

(1) $U_{ip\text{-}p} = 0.2\text{V}$ $f = 200\text{Hz}$

(2) $U_{ip\text{-}p} = 0.5\text{V}$ $f = 1\text{kHz}$

(3) $U_{ip\text{-}p} = 1.0\text{V}$ $f = 10\text{kHz}$

3. 按照上述方法,按图 3-11-7 创建反相系数乘法器,在 U_i 端分别输入下述方波信号,用示波器观察并定量描绘输出信号 U_o 的波形(注明幅度和周期),并说明 U_o 与 U_i 的关系。

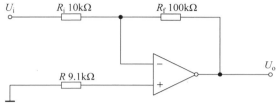

图 3-11-7　反相系数乘法器电路

(1) $U_i = 0.2\text{V}$　$f = 200\text{Hz}$

(2) $U_i = 0.5\text{V}$　$f = 1\text{kHz}$

(3) $U_i = 1.0\text{V}$　$f = 10\text{kHz}$

4. 按图 3-11-3 在 Multisim 电路工作区创建积分电路,创建好的电路如图 3-11-8 所示。

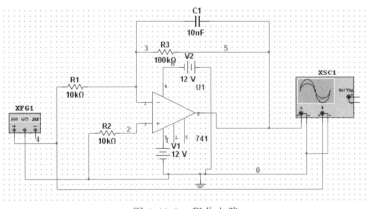

图 3-11-8　积分电路

(1) 双击设置函数信号发生器的输出值,在 U_i 端输入一个频率为 1kHz、幅度为 $U_{p\text{-}p} = 1\text{V}$ 的正弦信号,示波器 B 接信号发生器,用双踪法测量 U_o 和 U_i 的相位差 ϕ,分析 U_o 与 U_i 的关系。

(2) 按(1)中的方法,在 U_i 端输入一个频率为 1kHz、幅度 $U = 1\text{V}$ 的方波信号,用示波器观察并定量描绘输出信号 U_o 的波形(注明幅度和周期),分析 U_o 与 U_i 的关系。

四、思考题

1. 线性时不变电路的基本特性是什么?

2. 推导积分器电路输入信号与输出信号的关系式。

3. 推导系数乘法器中输入信号与输出信号的关系式。

4. 积分器电路时间常数与方波半周期的关系有什么特殊要求? 如不满足该要求,会出现什么情况?

实验十二

RC低通滤波器的频率特性的研究

一、实验目的

1. 了解 RC 有源低通滤波器的基本结构、特点。
2. 通过对比法研究测试 RC 无源低通滤波器及 RC 有源低通滤波器的频率特性。

二、实验原理

1. 滤波器的分类

滤波器可以分成有源滤波器和无源滤波器。由 R、L、C 或 R、C 无源组件组成的这类滤波器称为无源滤波器。由无源组件和运算放大器组成的这类滤波器称为有源滤波器。

2. RC 无源低通滤波器的频率特性

如图 3-12-1 所示为一个常用的 RC 无源低通滤波器,当输出端开路时,其传递函数为

$$H(j\omega) = \frac{U_2}{U_1} = \frac{1}{1 - \omega^2 C^2 R^2 + j3\omega CR} \qquad (1)$$

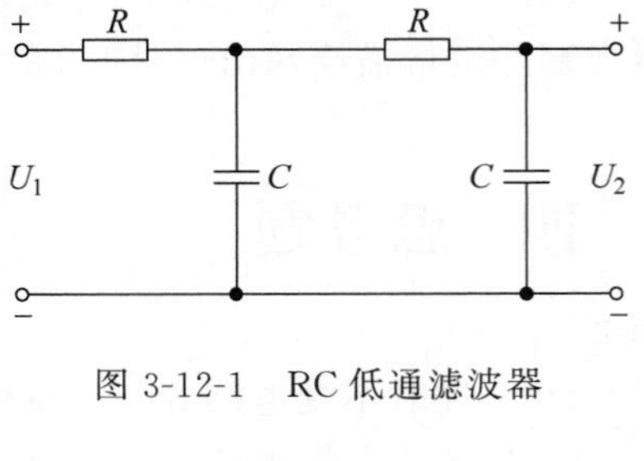

其幅频特性为

$$|H(j\omega)| = \frac{1}{\sqrt{(1 - \omega^2 C^2 R^2)^2 + 9\omega^2 C^2 R^2}} \qquad (2)$$

图 3-12-1 RC 低通滤波器

其相频特性为

$$\varphi(\omega) = -\arctan \frac{3\omega RC}{1 - \omega^2 C^2 R^2} \qquad (3)$$

幅频特性与相频特性图分别如图 3-12-2(a)、(b)所示。由图可知,RC 无源低通滤波器

其滤波特性与理想低通滤波器的特性差别较大,$\omega > \omega_c$ 时,幅频特性曲线随着频率的增加衰减较为缓慢。

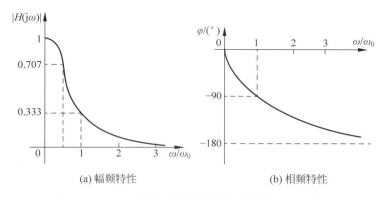

(a) 幅频特性　　　　　　　　(b) 相频特性

图 3-12-2　RC 无源低通滤波器的幅频特性与相频特性

3. RC 有源低通滤波器的频率特性

图 3-12-3 为 RC 有源低通滤波器的基本形式,图中运算放大器的放大倍数 K 可以通过调节 R_F 的值而相应变化,放大倍数 $K = 1 + \dfrac{R_F}{R_1}$。如图 3-12-3 所示的电路可以简化为如图 3-12-4 所示的电路模型。根据该电路模型,可列出方程:

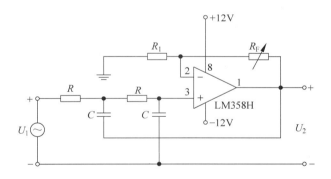

图 3-12-3　RC 有源低通滤波器电路

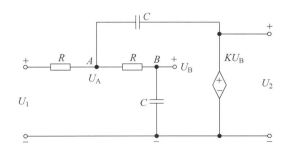

图 3-12-4　RC 有源低通滤波器电路等效模型

$$\frac{U_1 - U_A}{R} = \frac{U_A - U_2}{1/j\omega C} + \frac{U_A - U_B}{R} \tag{4}$$

$$\frac{U_A - U_B}{R} = \frac{U_B}{1/j\omega C} \tag{5}$$

$$U_2 = KU_B \tag{6}$$

因此,可得传递函数为

$$H(j\omega) = \frac{U_2}{U_1} = \frac{K}{j(3-K)\omega CR - \omega^2 C^2 R^2 + 1} \tag{7}$$

若设 $\omega = 2\pi f$、$\omega_0 = 2\pi f_0 = \dfrac{1}{RC}$,则可得:

$$H(j\omega) = \frac{K}{j(3-K)\dfrac{f}{f_0} - \left(\dfrac{f}{f_0}\right)^2 + 1} \tag{8}$$

其幅频特性为

$$|H(j\omega)| = \frac{K}{\sqrt{(3-K)^2\left(\dfrac{\omega}{\omega_0}\right)^2 + \left(\left(\dfrac{\omega}{\omega_0}\right)^2 - 1\right)^2}} \tag{9}$$

设 $K=1$,则 $\omega=0$ 时,$|H(j\omega)|=1$;$\omega=\omega_0$ 时,$|H(j\omega)|=0.5$;$\omega\gg\omega_0$ 时,$|H(j\omega)|\approx0$。对其余不同的 f 值均可求出相应的 $|H(j\omega)|$ 之值,式(7)与 RC 无源滤波器的传递函数表达式(1)相比,差别仅在分母中虚数部分的系数,由 3 变为(3-K),因此 $\omega\ll\omega_0$ 或 $\omega\gg\omega_0$ 时,无源与有源滤波器的幅频特性相似,但在 $\omega=\omega_0$ 附近,两者的幅频特性相差很大,如图 3-12-5 所示为 $K=2\sim2.8$ 时不同的滤波特性,显而易见,选择适当的 K 值可以使滤波特性更接近于理想状态。

RC 有源低通滤波器的相频特性为

$$\varphi(\omega) = -\arctan\frac{(3-K)\dfrac{\omega}{\omega_0}}{1 - \left(\dfrac{\omega}{\omega_0}\right)^2} \tag{10}$$

由表达式可画出如图 3-12-6 所示 $K=1\sim2.8$ 范围内 $\varphi(\omega)$ 随频率变化的特性,即相频特性。可见,当 K 增大时,在 $\omega=\omega_0$ 附近 $\varphi(\omega)$ 的变化越来越快,曲线越来越陡峭。

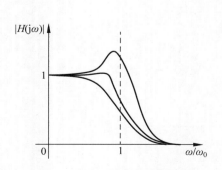

图 3-12-5　RC 有源低通滤波器幅频特性

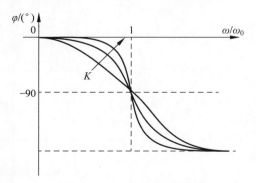

图 3-12-6　RC 有源低通滤波器相频特性

三、实验内容

1. RC 无源低通电路幅频特性与相频特性测量

在如图 3-12-7 所示电路的输入端 U_1 连接函数信号发生器,输出端 U_2 连接示波器或毫伏表。调整函数信号发生器输出符合要求的信号。

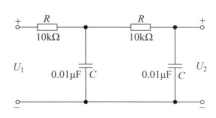

要求:自拟实验数据表格,记录相关数据,并绘制幅频特性曲线与相频特性曲线。

在 Multisim 电路工作区创建好电路,接好示波器和信号发生器,如图 3-12-8 所示,注意函数信号发生器的接线方向。

图 3-12-7　RC 无源低通滤波器实验电路

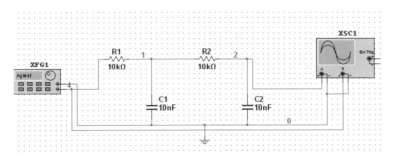

图 3-12-8　Multisim 电路创建图

信号发生器选用安捷伦函数信号发生器,设置好幅度和初始频率后,打开电路工作开关,双击示波器查看波形,然后利用光标旋转安捷伦信号发生器上的频率调节旋钮,在执行这个操作前一定要确保处于频率调节状态。多次改变频率,每次在示波器中用标尺线测量出输出波形的峰-峰值,如图 3-12-9 所示,记录好输出电压及对应的频率值,供后面计算 $H(j\omega)$ 和 $\varphi(\omega)$ 时使用。

2. RC 有源低通电路幅频特性与相频特性测量

在如图 3-12-10 所示电路的输入端 U_1 连接函数信号发生器,输出端 U_2 连接示波器或毫伏表,+12V 与 −12V 端各连接符合要求的电源。与实验内容与步骤 1 类似,分别调整 $K=1$、$K=1.4$ 和 $K=2.5$,并调整函数信号发生器输出符合要求的信号。

要求:自拟实验数据表格,记录相关数据,并绘制幅频特性曲线与相频特性曲线。

在 Multisim 电路工作区创建好电路,如图 3-12-11 所示,信号发生器仍用安捷伦信号发生器,滑动变阻器选择 basic 中的 potentiometer,连线时需注意芯片 LM358H 的正负方向,在滑动变阻器改变阻值时应先计算好百分比,然后将之调整到对应百分比的位置,接好后用步骤 1 的方法测量相应的数据。

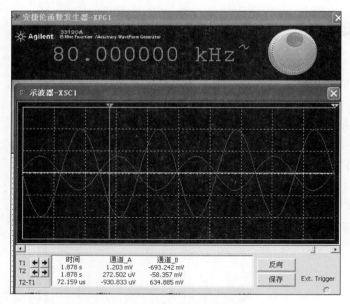

图 3-12-9　仪表界面

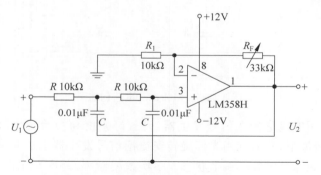

图 3-12-10　RC 有源低通滤波器实验电路

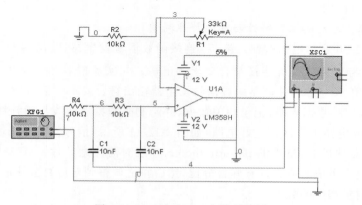

图 3-12-11　Multisim 电路创建图

四、思考题

1. 计算如图 3-12-7 所示电路中的截止频率 ω_c 和特征频率 ω_0 各为多少？并计算对应的 $\varphi(\omega_c)$ 与 $\varphi(\omega_0)$ 的值。

2. 计算图 3-12-10 实验电路中，当 $K=1$、$K=1.4$ 和 $K=2.5$ 时对应的 R_F 的值各为多少？对应的截止频率 ω_c 与 $|H(j\omega_c)|$ 的值各为多少？

3. 简述有源低通滤波器与无源低通滤波器的幅频特性与相频特性的异同。

4. 在实验内容的步骤 2 中，函数信号发生器的输出幅度有何要求？

实验十三

无源滤波器的研究(综合设计)

一、简述

滤波器是一种二端口网络,它的作用是允许某种频率范围的信号通过,滤掉或抵制其他频率的信号。允许通过的信号频率范围称为通频带。无源滤波器通常是由 R、L、C 元件构成的无源网络(也可以是由 RC 和有源器件构成的网络),一般采取多节 T 形或 π 形结构。

常见滤波器的类型有低通滤波器、高通滤波器、带通滤波器、带阻滤波器等。

滤波器的性能通常用频率特性来描述,图 3-13-1 电路中二端口网络输出与输入的关系,可用网络函数来描述:

$$H(j\omega) = \frac{\dot{U}_o}{\dot{U}_i} = |H(j\omega)| \angle \theta(\omega)$$

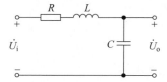

图 3-13-1　RLC 电路

式中,网络函数的模 $|H(j\omega)|$ 为输入信号和输入信号的最大值(幅值)之比,它与频率的关系称为幅频特性;它的幅角 $\theta(\omega)$ 为输出信号与输入信号的相位差,它与频率的关系称为相频特性。

1. 一阶低通滤波器

低通滤波器只允许低频信号通过,滤掉或抑制高频信号[如图 3-13-2(a)所示]。理想的低通滤波器的幅频特性如图 3-13-2(b)中虚线所示,实线为实际低通滤波器的幅频特性,当输出幅值由最大值下降到最大值的 $1/\sqrt{2}$ 时,所对应的频率 f_c 为上限截止频率。它的网络函数为

$$H(j\omega) = \frac{\dot{U}_o}{\dot{U}_i} = \frac{\dfrac{1}{j\omega C}}{R + \dfrac{1}{j\omega C}} = \frac{1}{1 + j\omega RC}$$

幅频特性为

$$|H(j\omega)| = \frac{1}{\sqrt{1 + \omega^2 R^2 C^2}}$$

截止频率
$$f_c = \frac{1}{2\pi RC}$$

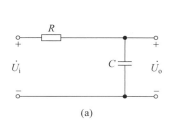 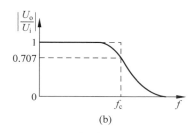

(a)　　　　　　　　　　　(b)

图 3-13-2　一阶低通滤波器、幅频特性

2. 高通滤波器

高通滤波器只允许高频信号通过,滤掉或抑制低频信号[如图 3-13-3(a)所示]。理想的高通滤波器的幅频特性如图 3-13-3(b)中虚线所示,实线为实际高通滤波器的幅频特性。它的网络函数为

$$H(j\omega) = \frac{\dot{U}_o}{\dot{U}_i} = \frac{j\omega RC}{1 + j\omega RC} = \frac{1}{1 + \dfrac{1}{\omega RC}}$$

幅频特性为
$$|H(j\omega)| = \frac{1}{\sqrt{1 + \dfrac{1}{\omega^2 R^2 C^2}}}$$

下限截止频率
$$f_c = \frac{1}{2\pi RC}$$

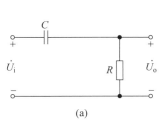 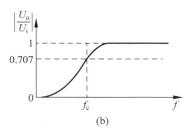

(a)　　　　　　　　　　　(b)

图 3-13-3　一阶高通滤波器、幅频特性

3. 带通滤波器

1）RLC 串联电路

RLC 串联就构成了带通滤波器[如图 3-13-4(a)所示],它的幅频特性曲线如图 3-13-4(b)所示。电路的网络函数为 $H(j\omega) = \dfrac{\dot{U}_o}{\dot{U}_i} = \dfrac{R}{R + j(\omega L - 1/\omega C)}$。

带通滤波器的 3 个重要指标是中心点频率 $f_0 = \dfrac{1}{2\pi\sqrt{RC}}$（即谐振频率）,通带范围 $f_1 \leqslant f_0 \leqslant f_2$,品质因数 $Q = \omega_0 L/R = 1/\omega_0 CR$。

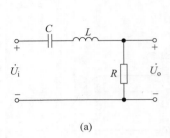 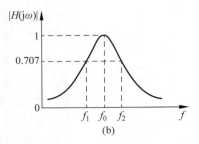

(a)　　　　　　　　　　　(b)

图 3-13-4　带通滤波器、幅频特性

2）文氏电桥电路

文氏电桥电路是一个 RC 的串、并联电路，如图 3-13-5（a）所示。该电路可以获得非常好的正弦波信号，并且结构简单，因此被广泛地用于低频振荡电路中作为选频环节。它的幅频特性曲线如图 3-13-5（b）所示。电路的网络函数为

$$H(j\omega) = \frac{\dot{U}_o}{\dot{U}_i} = \frac{Z_2}{Z_1} = \frac{R + X_c + R \mathbin{/\!/} X_c}{R \mathbin{/\!/} X_c} = \frac{1}{3 + j(\omega L - 1/\omega C)}$$

幅频特性为　　$|H(j\omega)| = \dfrac{1}{\sqrt{9 + \left(\omega RC + \dfrac{1}{\omega RC}\right)^2}}$

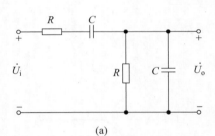 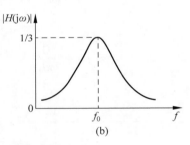

(a)　　　　　　　　　　　(b)

图 3-13-5　带通滤波器（文氏电桥电路）、幅频特性

从图 3-13-5（b）可见，文氏电桥电路具有带通特性。当 $f = f_0 = \dfrac{1}{2\pi\sqrt{RC}}$ 时，网络函数的虚高为零，输入电压与输出电压同相，而网络函数的大小 $|H(j\omega)| = \dfrac{U_o}{U_i} = \dfrac{1}{3}$。

4. 带阻滤波器

1）RLC 电路

由 RLC 组成的带阻滤波器如图 3-13-6（a）所示，它的幅频特性曲线如图 3-13-6（b）所示。电路的网络函数为 $H(j\omega) = \dfrac{\dot{U}_o}{\dot{U}_i} = \dfrac{j(\omega L - 1/\omega C)}{R + j(\omega L - 1/\omega C)}$。

带阻滤波器的通带范围：$0 \sim f_1$，$< f_2$。

2）RC 双 T 网络

RC 双 T 选频网络如图 3-13-7（a）所示，它的幅频特性曲线如图 3-13-7（b）所示。电路的

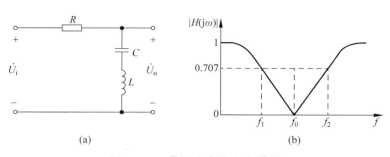

图 3-13-6　带阻滤波器、幅频特性

网络函数为 $H(j\omega) = \dfrac{\dot{U}_o}{\dot{U}_i} = \dfrac{\dfrac{1}{2}\left(R + \dfrac{1}{j\omega C}\right)}{\dfrac{2R(1+j\omega RC)}{1-\omega^2 R^2 C^2} + \dfrac{1}{2}\left(R + \dfrac{1}{j\omega C}\right)}$

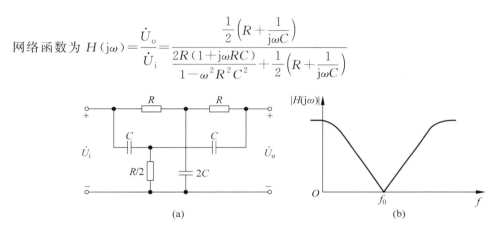

图 3-13-7　RC 双 T 网络、幅频特性

从图 3-13-7(b) 可见，RC 双 T 选频网络的幅频特性的特点是在 $f = f_0 = \dfrac{1}{2\pi\sqrt{RC}}$ 处的一个较窄的频带内有极明显的带阻特性。

二、设计任务和要求

在计算机上利用 Multisim 软件完成以下任务：

1. 设计一个截止频率为 1kHz 的二阶高通滤波器。

2. 设计一个截止频率为 1kHz 的二阶高通滤波器。

3. 设计一个截止频率为 1kHz 的带通滤波器(电路形式自行确定)。

4. 设计一个截止频率为 1kHz 的带阻滤波器(电路形式自行确定)。

三、设计方案提示

1. 参数选择：建议高通滤波器取 $R = 159\text{k}\Omega, C = 1\text{nF}$；

2. 调试提示：由于信号源内阻的影响，输出幅度会随信号频率变化。因此在调节频率时，应注意使输入电压幅度保持不变。

四、实验报告要求

1. 画出设计的电路图、幅频特性曲线，分析工作原理。
2. 写出调试过程。
3. 写出设计、调试的心得体会。

第四篇　模拟电子技术

实验一

二极管基本应用电路

一、实验目的

1. 了解二极管和稳压二极管的特性,掌握二极管的基本应用。
2. 熟悉 Multisim 的基本操作方法及对电路进行仿真实验的测试方法。
3. 用 Multisim 创建二极管的测试应用电路,进一步了解二极管的各种应用。
4. 掌握虚拟仪器(信号发生器、示波器、数字万用表)的使用方法。

二、实验原理

1. 二极管类型

二极管是晶体管器件中最基本的器件,可用来完成多种电路。

通常小功率锗二极管的正向电阻为 $300\sim500\Omega$,硅管正向电阻为 $1k\Omega$ 或更大些。锗管反向电阻为几十千欧,硅管反向电阻在 $500k\Omega$ 以上(大功率二极管的数值要大得多)。正反向电阻差值越大越好。

1) 按结构分类

(1) 点接触型二极管。点接触型二极管的工作频率高,不能承受较高的电压和通过较大的电流,多用于检波、小电流整流或高频开关电路。

(2) 面接触型二极管。面接触型二极管的工作电流和能承受的功率都较大,但适用的频率较低,多用于整流、稳压、低频开关电路等方面。

2) 按用途分类

用于稳压的稳压二极管,用于数字电路的开关二极管,用于调谐的变容二极管,把高频信号中的有用信号"检出来"的检波二极管,以及光电二极管等,最常见的是发光二极管。还有半导体发光器件(LED 数码管)、半导体光敏器件(光敏二极管)。

2．二极管极性判断方法

选择数字万用表 ⊣⊢ 挡用红表笔接正极,黑表笔接负极。此时数字万用表二极管挡显示值为二极管正向压降近似值,单位是 mV 或 V。硅二极管正向导通压降约为 $0.3\sim0.8$V,锗二极管锗正向导通压降约为 $0.1\sim0.3$V,功率大一些的二极管正向压降要更小一些。如果测量值小于 0.1V,则说明二极管击穿,此时正反向都导通;如果正反向均开路,则说明二极管 PN 结开路。对于发光二极管,正向测量时二极管发光,管压降约为 1.7V。

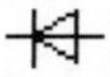

也可以用模拟万用表的 $\times100$、$\times1$k 电阻挡。但不能用模拟万用表的 $\times1$ 挡,使用时电流太大,易烧坏二极管;也不能用 $\times10$k 挡,使用时电压太高,可能击穿二极管。

3．二极管应用电路

1) 双向限幅电路

二极管限幅电路是把输出信号的最高电平限制在某一数值上,有选择地传输一部分,所以称为限幅电路,如图 4-1-1 所示。根据二极管的连接方式,限幅电路又分为串联限幅、并联限幅。

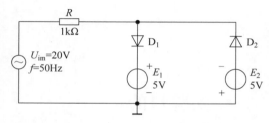

图 4-1-1　二极管双向限幅电路

2) 开关电路

利用二极管的单向导电性以接通或断开电路,可以实现开关的作用,开关电路以及二极管的工作状态如图 4-1-2 所示。

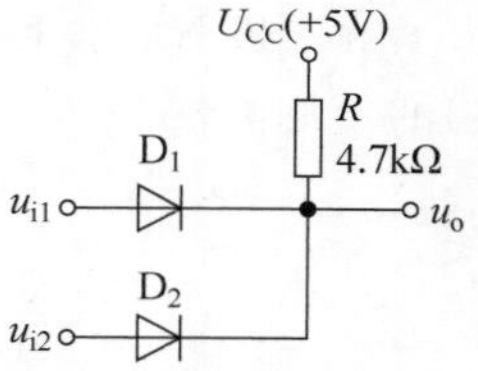

u_{i1}	u_{i2}	二极管工作状态		u_o
		D_1	D_2	
0V	0V	导通	导通	0V
0V	5V	导通	截止	0V
5V	0V	截止	导通	0V
5V	5V	截止	截止	5V

(a)　　　　　　　　(b)

图 4-1-2　开关电路、二极管工作状态

另外,二极管还可用于检波、元件保护等。

4．特殊二极管应用电路(低电压稳定电路)

稳压管又叫齐纳二极管。稳压管发生电击穿时,电流在很大范围内,它的压降几乎不变,稳压管就是利用硅二极管这一反向特性来达到稳压的,所以稳压管是工作在反向击穿区;为了使电击穿不致引起热击穿而损坏二极管,电路中必须有限制电流(限定在 I_{Zmin} 和 I_{Zmax} 之间)的措施,其中 I_{Zmin} 是指稳压管工作在稳压状态下的参考电流值 I_Z。

利用稳压二极管可以创建简单的稳压电路,如图 4-1-3 所示。图中 $U_i>U_Z$,$U_o=U_Z$,R 为限流电阻。只要选择合适的限流电阻 R,可使输入电压 U_i 与负载电阻 R_L 在一定范围内变化时,负载两端输出电压基本恒定。

限流电阻 R 的选择方法。当 U_i、R_L 变化时,D_Z 中的电流 I_Z 应始终满足:$I_{Zmin}<I_Z<I_{Zmax}$。设 U_i 的最小值为 U_{imin},最大值为 U_{imax};R_L 最小时负载电流的最大值为 U_Z/R_{Lmin},R_L 最大时负载电流的最小值为 U_Z/R_{Lmax}。限流电阻的限值范围为

$$R_{\min} = \frac{U_{\mathrm{imax}} - U_Z}{U_Z/R_{\mathrm{Lmax}} + I_{Z\max}} < R < \frac{U_{\mathrm{imin}} - U_Z}{U_Z/R_{\mathrm{Lmin}} + I_{Z\min}} = R_{\max}$$

若得出 $R_{\mathrm{Lmin}} > R_{\mathrm{Lmax}}$，则说明超出了 D_Z 的稳压工作范围，这时需要改变使用条件或重新选择大容量的稳压二极管。

由稳压管组成的并联型稳压电路，结构简单，计算调试方便，但输出电压不能任意调节，输出电流受稳压管最大稳定电流 $I_{Z\max}$ 的限制，稳压性能较差。故这种稳压电路通常应用在输出电压不需可调、输出电流不大，且负载变动也不大的场合。

另外，稳压二极管除了用于稳压电路，也可以用于限幅电路；还可以利用稳压二极管作为过压保护器（如涌浪保护）电路，白噪声信号源等。

Multisim 工作平台为不仅用户提供了实际器件库，而且提供了虚拟器件库，收集了几千种元件。利用这些器件库图标及其菜单，选择所要使用的器件，单击 OK 按钮，该器件就出现在 Multisim 工作平台的电路窗口。在 Multisim 工作平台中绘制出的实验电路如图 4-1-4 所示，二极管型号可选用元件库中的 1N4007。

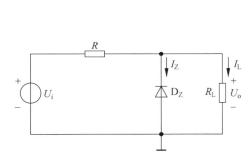

图 4-1-3 稳压管稳压电路

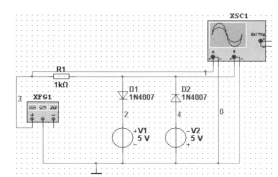

图 4-1-4 Multisim 中的双向限幅电路

三、实验步骤

1. 设计二极管限幅电路。输入电压 $u_i = 10\sin 2\pi \times 50t$ (V) 时，要求输出电压波形如图 4-1-5 所示，并描绘出实际输出波形图 [设二极管的正向导通电压 $U_D(\mathrm{on}) = 0.7\mathrm{V}$]。

这里以图 4-1-5(a) 为例，由图可知，在大于 5V 的时候，波形被截断，电压在小于零的范围内没有被截断。这里就要考虑二极管的正向导通和反向不导通作用，根据这一性质设计出电路图如图 4-1-6 所示。首先调用一个 5V 的直流电源，一个 10V 60Hz 的交流电压源，并且从电阻库中调用出一个阻值为 1kΩ 的电阻，其中直流电源与交流电源反向。再按如下步骤调用二极管，二极管选择 1N4007。调用方法：在主数据库中的 ⊞ Diodes 系列中选择 ★ DIODE，再在元件库中选择 1N4007 。

创建的时候切记注意二极管的方向，如果方向不对，可单击二极管图标，右击，可以看到 4 种旋转方式，如图 4-1-7 所示。

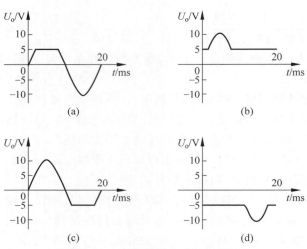

图 4-1-5   需要设计电路的波形图

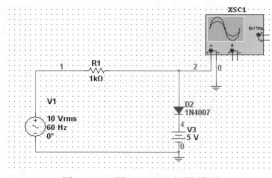

图 4-1-6   图 4-1-5(a)的设计图

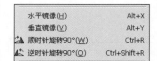

图 4-1-7   旋转

电路连接完毕后,打开仿真电路开关,双击示波器打开显示界面,检查波形是否与图样吻合,上述电路图连接好后,波形如图 4-1-8 所示。请用同样的方法,设计出其他几种波形的电路图并仿真检查。

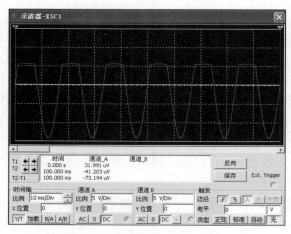

图 4-1-8   波形图

2. 请设计稳压电路(用稳压管)。要求输入直流电压为 $10V\pm20\%$,负载从 $2k\Omega$ 变化到 ∞ 时,输出电压基本维持在 $6V$。将测量数据填在表 4-1-1 中(设稳压管的 I_{Zmin} 为 $3mA$)。

表 4-1-1　选择限流电阻数据记录表

U_i	R_L	R
$10V-2V$	$2k\Omega$	
$10V-2V$	∞	
$10V+2V$	$2k\Omega$	
$10V+2V$	∞	

要使输出电压基本维持在 $6V$,则要用到稳压管来稳定电压,由于负载电阻是在 $2k\Omega$ 到 ∞ 之间变化,所以在负载电阻支路加上一个开关,开关闭合负载为 $2k\Omega$,开关断开时负载为 ∞。R 在这里选用一个滑动变阻器,以便调节限流电阻的大小。这里再回顾一下滑动变阻器的调用,首先打开组中的 ![Basic] ,然后选择 ![POTENTIOMETER] ,最后设置滑动变阻器的最大阻值。稳压二极管的调用方法同上述普通二极管的调用方法类似,只是第二步调用的是 ![ZENER] ,然后在元件库中查找对应的稳压二极管,这里选用 1N4734A 型号的稳压二极管。元件选择好后,创建出的电路图如图 4-1-9 所示。打开电路工作开关后,改变滑动变阻器阻值后,等待大约两秒就可以观察到万用表电压挡测得的输出电压的变化,调试出需要的值,万用表主表盘的数据现实情况如图 4-1-10 所示。这时可根据滑动变阻器的滑动百分比算出阻值的大小(也可以直接用万用表的欧姆挡直接测量其大小),将结果填入表格中。

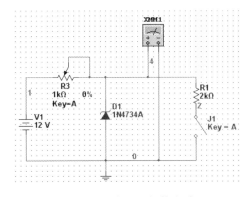
图 4-1-9　稳压二极管电路

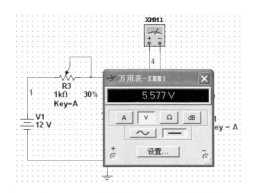
图 4-1-10　万用表主表盘的显示情况

四、思考题

1. 如何利用万用电表判别二极管和稳压管的极性? 如何判别二极管的好坏?
2. 稳压管稳压电路中的限流电阻有何作用?
3. 二极管在电路中工作时,什么情况下能把它看成开关?

实验二

单级低频放大器

一、实验目的

1. 掌握用 Multisim 电子工作平台对单管共发射极放大器电路性能的分析与研究的仿真测试方法。

2. 进一步掌握虚拟仪器(信号发生器、示波器)的使用方法。

3. 学会设置放大器的静态工作点和动态工作点。

4. 学会消除饱和失真和截止失真的方法,理解幅频特性的意义及掌握幅频特性的测试方法。

二、实验原理

(一)静态工作点

单级低频放大器是放大器中最基本的放大电路。虽然实际应用中极少用单级放大器,但其分析方法、电路调整技术及参数的测量方法等都具有普遍意义。晶体管放大器有 3 种不同的工作组态(共射、共基、共集电路),其中共射极放大电路由于电压、电流、功率增益都比较大而被广泛应用。

静态工作点是指放大器没有输入信号且输入端短路时,三极管 I_{BQ}、I_{CQ}、U_{CEQ} 的值称为静态工作点。为了测量方便及减小误差,静态工作点只测三极管 B、C、E 3 个引脚对地的直流电压 U_B、U_C、U_E。其关系式为 $U_{BEQ} = U_B - U_E$,$U_{CEQ} = U_C - U_E$。另外,集电极电流 I_C 的测量方法如下:

一是直接测量,在集电极回路中串联电流表测量电流 I_C,这种方法精度较高,但较麻烦,一般不采用;二是间接测量,用万用表测量电压计算电流的方法。这种方法比较方便,是测量中常用的方法,其关系式为 $I_C \approx I_E = U_E / R_E$。

为了稳定静态工作点,经常采用分压式偏置电路(见图 4-2-1),它的特点是基极电位 U_B 固定,条件是 $I_1 \gg I_{BQ}$[硅管 $I_1 = (5 \sim 10)I_{BQ}$,锗管 $I_1 = (10 \sim 20)I_{BQ}$],这时它的静态工作点可用下式估算:

$$U_{BQ} \approx \frac{R_{B2}}{R_{B1} + R_{B2}} U_{CC} \tag{1}$$

$$I_{CQ} \approx I_{EQ} \approx \frac{U_E}{R_E} \tag{2}$$

$$U_{CEQ} \approx U_{CC} - I_C(R_C + R_E) \tag{3}$$

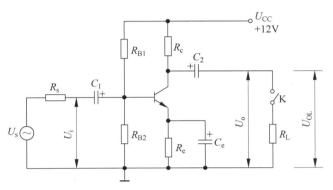

图 4-2-1 单管低频放大电路

根据式(3),可在输出特性曲线中得到直流负载线 MN,如图 4-2-2 所示,它反映的是直流通路的电压与电流的变化规律,主要是用来确定静态工作点。选择静态工作点时,要求在动态范围的全过程中三极管终始工作在放大区(见图 4-2-2 中的 Q 点),不能进入饱和区或截止区。

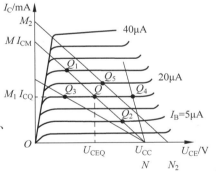

图 4-2-2 电路参数对静态工作点的影响

1. 放大电路偏置电阻 $R_{B1}(R_{B2})$ 对静态工作点 Q、输出波形的影响

1) 饱和失真

当减小 R_{B1}(或增大 R_{B2})时,I_{BQ} 增大,静态工作点 Q 将沿着直流负载线 MN 上移(见图 4-2-2 中的 Q_1 点),靠近饱和区。静态工作点 Q 取得过高,输出信号将产生负半周失真,这种现象称为饱和失真。这时应调节基极偏置电阻 R_{B1},使其偏流 I_{BQ} 减小,使晶体管脱离饱和区以消除饱和失真。

2) 截止失真

当增大 R_{B1}(或减小 R_{B2})时,I_{BQ} 减小,静态工作点 Q 将沿着直流负载线 MN 下移(见图 4-2-2 中的 Q_2 点),靠近截止区。静态工作点取得偏低,输出信号将产生正半周失真,这种现象称为截止失真。这时应加大基极偏流 I_{BQ},使晶体管脱离截止区以消除截止失真。

2. 放大电路集电极电阻 R_C 对静态工作点、输出波形的影响

当增大 R_C 时，I_{CM} 减小，但 I_C 变化不大（R_C 与 I_C 没有直接关系），仅使 U_{CE} 减小，直流负载线为 $M_1 N$，静态工作点 Q 将沿 I_B 线向左移动（见图 4-2-2 中的 Q_3 点），容易产生饱和失真。若 R_C 太大，$U_{CE} < U_{BE}$，集电极与发射极短路，C、E 间相当于开关接通，这种现象称为过饱和；反之，减小 R_C 可不易出现饱和失真，但输出电压减小，静态工作点从 Q 移至 Q_4 点。

3. 放大电路直流电源 U_{CC} 对静态工作点、输出波形的影响

增加 U_{CC}，其直流负载线为 $M_2 N_2$，静态工作点从 Q 点移到 Q_5 点，这时会得到较大的输出动态范围。

4. β 对静态工作点、输出波形的影响

选用 β 较大的三极管，在同样的 I_{BQ} 情况下，I_{CQ} 将增大，U_{CE} 将减小，电路容易出现饱和失真。

另外，静态工作点的偏高或偏低不是绝对的，应该是相对输入信号的幅度而言。如输入信号幅度很小，即使静态工作点较高或较低也不一定会出现失真。所以确切地说，产生输出波形失真的原因是信号幅度与静态工作点设置不当，如需满足较大的信号幅度要求，静态工作点应尽量选择交流负载线的中点。在调试中若发现输出电压波形的顶部和底部都被切掉，这是由于输入信号幅度太大引起的，只要适当减小输入信号的幅度，即可消除。如果不允许减小输入信号的幅度，就要适当增大电源电压 U_{CC}，并重新调整静态工作点，以扩大放大器的动态范围，消除波形失真。

（二）放大器性能指标

放大器的静态工作点是由三极管参数、放大器偏置电路共同决定的，它的选取影响到放大器的放大倍数、失真及其他各个方面。调整的方法是：在不加输入信号的情况下测量放大器的静态工作点，进行必要的调整，使之工作于合适的工作点上。放大器动态指标包括电压放大倍数、输入电阻、输出电阻及最大不失真电压（动态范围）和通频带等。单级低频放大器如图 4-2-3 所示。

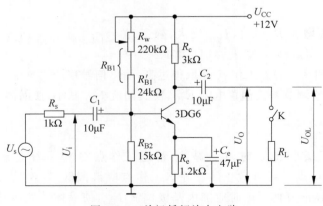

图 4-2-3　单级低频放大电路

根据图 4-2-3,电压放大倍数为 $A_u = -\dfrac{R_C /\!/ R_L}{r_{be}}$(式中"一"号表示输入、输出电压反相),

其中 $r_{be} = 300 + (1+\beta)\dfrac{26(\mathrm{mV})}{I_{EQ}(\mathrm{mA})}$。电压放大倍数只有在输出波形不失真的情况下才有意义;交流输入电阻为 $R_i = R_{B1} /\!/ R_{B2} /\!/ r_{be}$;交流输出电阻为 $R_o \approx R_c$。

1. 电压放大倍数 A_u、A_{us} 的测量

调整放大器到合适的静态工作点,然后接入输入信号 u_i,在输出电压 u_o 不失真的情况下,测量 U_i 和 U_o,则电压放大倍数为 $|A_u| = \dfrac{U_o}{U_i}$;源电压放大倍数为 $|A_{us}| = \dfrac{U_o}{U_s}$。

2. 输入电阻 R_i 的测量

输入电阻 R_i 的大小表示放大器从信号源或前级获取电流的多少。为了测量放大器的输入电阻,往往采用如图 4-2-4 所示的换算法。在被测放大器的输入端与信号源之间串入已知电阻 R_s(该电阻可根据理论计算选择,一般取与 R_i 同数量级),在放大器正常工作的情况下,测出 U_s 和 U_i 的值,则根据输入电阻的定义可得

$$R_i = \frac{U_i}{I_i} = \frac{U_i}{\dfrac{U_{RS}}{R_s}} = \frac{U_i}{U_s - U_i} R_s$$

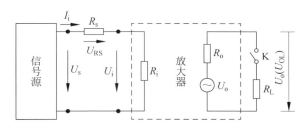

图 4-2-4　输入、输出电阻的测量电路

上述输入电阻 R_i 的测量方法,仅适用于放大器输入阻抗远远小于测量仪器输入阻抗的情况。

3. 输出电阻 R_o 的测量

输出电阻 R_o 反映放大器带负载能力的大小。由于负载与输出电阻是串联关系,因此 R_o 越小,带负载能力越强。当 $R_o \ll R_L$ 时,放大器可等效为一个恒压源。测量输出电阻 R_o 的方法有换算法、替代法、电流电压变化法。本实验采用换算法,如图 4-2-3 所示,在放大器正常工作的条件下,测出输出端空载时的输出电压 U_o 和接入负载 R_L 后的输出电压 U_L,根据

$$U_L = \frac{R_L}{R_o + R_L} U_o$$

即可求出 $R_o = (U_o / U_L - 1) R_L$。在测试中应注意,必须保持 R_L 接入前后输入信号的大小不变。

4. 最大不失真输出电压 $U_{\text{op-p}}$ 的测量(最大动态范围)

综上所述,为了得到最大的动态范围,应将静态工作点调在交流负载线的中点。为此在放大器正常工作的情况下,逐步增大输入信号的幅度,并同时调节 R_{W}(改变静态工作点),用示波器观察 U_{o}。当输出波形同时出现削底和缩顶现象时,说明静态工作点已调在交流负载线的中点。然后反复调整输入信号,使波形输出幅度最大,且无明显失真时,此时的输出电压 U_{o} 的峰-峰值即最大不失真输出电压 $U_{\text{op-p}}$。

5. 放大器的频率特性

频率特性又分为幅频特性和相频特性,放大器的幅频特性是指放大器电压放大倍数的模 $|A_{\text{u}}|$ 与频率 f 之间的关系;相频特性是输出电压的相位与频率之间的关系。本实验研究幅频特性,单管低频放大电路的幅频特性曲线如图 4-2-5 所示。

从图 4-2-5 可以看出,在放大电路的某一频率范围(中频)内电压放大倍数 $|A_{\text{u}}|=|A_{\text{uo}}|$ 与频率无关,当电压放大倍数降低到中频段的 $|A_{\text{uo}}|/\sqrt{2}$(增益下降 3dB)时对应的两个频率分别称为下限频率 f_{L} 和上限频率 f_{H},则通频带 $f_{\text{BW}}=f_{\text{H}}-f_{\text{L}}$。在实验中,一般采用逐点法测量幅频特性,测量时应注意取点要恰当,在低频段与高频段应多测几点,在中频段可以少测几点。放大倍数 A_{u} 用对数分度,信号源频率 f 用线性分度,即可做出幅频特性曲线,如图 4-2-5 所示。

用上述测量幅频特性曲线的方法时,若保持输入信号的幅度不变(输出波形不能失真),则幅频特性曲线如图 4-2-6 所示。

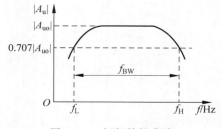

图 4-2-5　幅频特性曲线

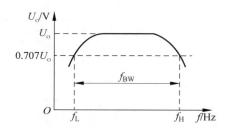

图 4-2-6　输出电压-频率特性曲线

三、实验步骤

(一) 静态工作点

在 Multisim 的电子工作平台中绘制如图 4-2-1 所示的实验电路,三极管采用 2N2102,$\beta=79$,如图 4-2-7 所示。

1. 确定合适的静态工作点(示波器法)

(1) 在电路输入端接入信号 $U_{\text{sp-p}}=200\text{mV}$、$f=1\text{kHz}$(正弦波),$R_{\text{L}}=\infty$。调节 R_{W},使输出电压 $U_{\text{op-p}}$ 最大且不失真。

(2) 用数字万用表测量 U_{B}、U_{C}、U_{E}、R_{W},将数据填入表 4-2-1 中,同时定量画出输出电压波形。

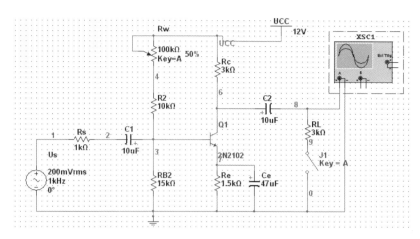

图 4-2-7　单级低频放大器

表 4-2-1　R_{B1} 对静态工作点、输出波形的影响（$R_C = 3k\Omega$）

项目	条件	$U_{op\text{-}p}$ 最大且不失真	饱和失真	截止失真
测量	$R_W/k\Omega$			
	U_B/V			
	U_C/V			
	U_E/V			
计算	U_{CE}/V			
	U_{BE}/V			
	I_C/mA			
	$R_{B1}/k\Omega$			
输入、输出电压波形		（波形图）	（波形图）	（波形图）

注意：调整 R_W 的方法为：A 为控制键，按键盘上的 A 键，百分数增大；按住 Shift＋A 键，可变电阻的百分数减小。

2. R_{B1}（$R_{B1} = R_1 + R_W$）对静态工作点、输出波形的影响

（1）R_W 减小到一定值时，波形出现底部失真，如图 4-2-8 所示。用数字万用表测量 U_B、U_C、U_E、R_W，将数据填入表 4-2-1 中，同时定量画出输出波形。

（2）R_W 增大到一定值时，波形出现顶部失真，如图 4-2-9 所示。用数字万用表测量 U_B、U_C、U_E、R_W，将数据填入表 4-2-1 中，定量画出输出波形。

3. R_C 输出波形的影响（恢复静态工作点合适时的 R_W 值，$R_L = \infty$）

按照表 4-2-2 的要求，用数字万用表测量，记录 U_B、U_C、U_E，将数据填入表 4-2-2 中；同时用示波器观察并定量画出输出波形，计算 U_{BE}、U_{CE}、I_C。

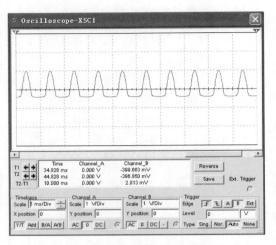

图 4-2-8 静态工作点太低造成饱和失真

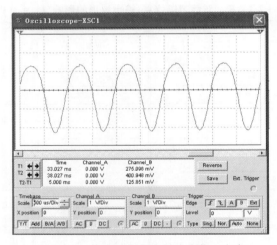

图 4-2-9 静态工作点太低造成截止失真

表 4-2-2 R_C 参数对静态工作点、输出波形的影响($R_W =$ _____ kΩ)

项目 \ R_C		8.1kΩ	5.1kΩ	3kΩ	1kΩ
测量	U_B/V				
	U_C/V				
	U_E/V				
计算	U_{CE}/V				
	U_{BE}/V				
	I_C/mA				
输入、输出电压波形		u_i、u_o/V	u_i、u_o/V	u_i、u_o/V	u_i、u_o/V

4. 电源电压 U_{CC} 对静态工作点、输出波形的影响

$U_{CC}=20V$，$R_C=3k\Omega$，$R_L=\infty$。在电路输入端接入信号 $U_{sp-p}=400mV$、$f=1kHz$（正弦波），调节 R_W，使输出电压 U_{op-p} 最大且不失真。用数字万用表测量 U_B、U_C、U_E、R_W，将数据填入表 4-2-3 中，同时定量画出输出波形。

表 4-2-3 U_{CC} 对静态工作点、输出波形的影响

项目	U_{CC}	12V	20V
测量	U_B/V		
	U_C/V		
	U_E/V		
	$R_W/k\Omega$		
计算	U_{CE}/V		
	U_{BE}/V		
	I_C/mA		
	$R_{B1}/k\Omega$		
输入、输出电压波形			

（二）放大器性能参数

按图 4-2-3 在 Multisim 中创建电路，检查无误后接通电源。

1. 静态工作点

（1）将信号发生器输出设置为零，即 $U_i=0$。

（2）确定静态工作点的两种方法（万用表法）。

① 计算集电极最大电流 I_{CM}（$I_{CM}=U_{CC}/R_C+R_E$），取 $I_{CQ}\approx1/2I_{CM}$，由此计算出 $U_E\approx1.8V$。

② 取 $U_{CE}\approx1/2U_{CC}$，也可得到 $U_E\approx1.8V$。

（3）将 R_W 调至最大，然后接通 +12V 电源，调节 R_W，使 $U_E\approx1.8V$。用直流电压表测量 U_B、U_C，用万用表的欧姆挡测量 R_{B1} 值，并记入表 4-2-4 中。

表 4-2-4 静态工作点数据记录表

测 量 值				计 算 值			
U_B/V	U_C/V	U_E/V	$R_W/k\Omega$	$R_{B1}/k\Omega$	U_{BE}/V	U_{CE}/V	I_C/mA
		1.8V					

2. R_C、R_L 对电压放大倍数的影响

（1）在放大器输入端接入频率为 1kHz 的正弦信号，调节信号发生器输出值使放大器

输入电压 $u_{\text{sp-p}} \approx 250\text{mV}$，同时用双踪示波器观察放大器 u_i、u_o 的波形。在波形不失真的情况下用万用表测量 u_i、u_o、u_{oL}，记入表 4-2-5 中。

表 4-2-5 R_C、R_L 对电压放大倍数的影响（$U_E \approx 1.8\text{V}$）

$R_C/\text{k}\Omega$	$R_L/\text{k}\Omega$	测量值				计算值					
		U_s/mV	U_i/mV	U_o/V	U_{oL}/V	A_u	A_{uL}	A_{us}	A_{usL}	$R_i/\text{k}\Omega$	$R_o/\text{k}\Omega$
1.5	∞										
3	1										
3	3										

3. 测量输入电阻和输出电阻

根据表 4-2-5 中的数据，利用换算法计算输入电阻 R_i、输出电阻 R_o。

4. 最大不失真输出电压 $U_{\text{op-p}}$（最大动态范围）

按照表 4-2-6 的要求，逐步增大输入信号 u_s 的幅度，用示波器观察输出波形 U_o，当输出波形同时出现削底和缩顶现象，说明静态工作点已设置在交流负载线的中点。然后反复调整输入信号，使波形输出幅度最大且无明显失真时，用示波器分别测出 u_s、u_i、u_o 的峰-峰值，记入表 4-2-6 中。

表 4-2-6   数据记录表（$U_E \approx 1.8\text{V}$）

f（正弦波）	$R_C/\text{k}\Omega$	$R_L/\text{k}\Omega$	U_E/V	u_s/mV	u_i/mV	u_o/V
1kHz	3	∞	1.8			

5. 幅频特性的测量

（1）$R_C = 3\text{k}\Omega$，$R_L = \infty$，输入信号频率为 $f = 1\text{kHz}$ 的正弦波，调节信号源电压 $U_{\text{sp-p}}$ 的幅度，使输出电压不失真，记录此时的 $U_{\text{op-p}}$、$U_{\text{ip-p}}$ 值。

（2）保持输入信号 $U_{\text{sp-p}}$ 不变，改变信号频率，用逐点法测量并记录输出电压下降为 $0.9U_{\text{op-p}}$、$0.8U_{\text{op-p}}$、$0.7U_{\text{op-p}}$、$0.6U_{\text{op-p}}$、$0.3U_{\text{op-p}}$ 时所对应的频率，填入表 4-2-7 中。

表 4-2-7   数据记录表（$U_E \approx 1.8\text{V}$）

测量值	$0.3U_{\text{op-p}}$	$0.7U_{\text{op-p}}$	$0.8U_{\text{op-p}}$	$0.9U_{\text{op-p}}$	$U_{\text{op-p}}$	$U_{\text{op-p}}$	$0.9U_{\text{op-p}}$	$0.8U_{\text{op-p}}$	$0.7U_{\text{op-p}}$	$0.3U_{\text{op-p}}$
f/kHz										
$A_u = u_o/u_i$										

$U_{\text{ip-p}} = \underline{\qquad}$ mV，$U_{\text{op-p}} = \underline{\qquad}$ V

6. 观察输出波形的非线性失真

（1）在输入端接入 $U_{\text{sp-p}} = 300\text{mV}$、$f = 1\text{kHz}$ 的正弦信号，然后保持输入信号不变，调节 R_W，使波形出现饱和失真，绘制出 u_o 的波形，测量 U_B、U_C、U_E，记入表 4-2-8 中，计算 I_C、U_{CE}。

（2）在输入端接入 $U_{\text{sp-p}} = 300\text{mV}$、$f = 1\text{kHz}$ 的正弦信号，然后保持输入信号不变，调节 R_W，使波形出现截止失真，绘制出 u_o 的波形，测量 U_B、U_C、U_E，记入表 4-2-8 中，计算

I_C、U_{CE}。

表 4-2-8　观察 R_{B1} 对静态工作点、输出波形的影响

R_W /kΩ	R_{B1} /kΩ	U_B/V	U_C/V	U_E/V	I_C /mA	U_{CE}/V	u_i、u_o 波形	失真情况	三极管状态

注意：每次测量 U_B、U_C、U_E 时，都要将信号源输出端清零。

四、思考题

1. 整理测试数据，并对数据进行处理，完成各表格要求并画出相关曲线。

2. 在静态工作点的实验中为什么要采用测量 U_C、U_E 值，再间接计算 U_{CE} 的方法？是否可以用直流电压表直接测量 U_{CE}？

3. 如果在静态工作点的实验电路中，将 NPN 型晶体管换成 PNP 型晶体管，试问 U_{CC} 及电解电容极性应如何改动？

4. 通过放大器性能指标实验的结果总结 R_C、R_L 对放大器电压放大倍数 A_u、输入电阻 R_i、输出电阻 R_o 及静态工作点 Q 的影响。

5. 在单级共射极放大电路中，哪些元件决定静态工作点？

实验三

场效应管放大电路

一、实验目的

1. 熟悉结型场效应管的性能与特性。
2. 学会场效应管基本放大电路静态工作点和动态参数的测试方法。

二、实验原理

场效应晶体管是一种单极型晶体管,它只有一个 PN 结,在零偏压的状态下它是导通的。场效应管分结型、绝缘栅型(MOS)两大类。按沟道材料,分为 N 沟道和 P 沟道两种;按导电方式,分为耗尽型与增强型。结型场效应管均为耗尽型,绝缘栅型场效应管有 N 沟道耗尽型和增强型、P 沟道耗尽型和增强型四大类。场效应管放大电路和晶体管放大电路一样,也有 3 种组态:共源、共栅、共漏。

1. 场效应管的主要参数

I_{DSS} 即饱和漏源电流,是指结型或耗尽型绝缘栅场效应管中,栅极电压 $U_{GS}=0$ 时的漏源电流。

U_p 即夹断电压,是指结型或耗尽型绝缘栅场效应管中,使漏源间刚截止时的栅极电压。对于 N 沟道,要使 PN 结反偏,须使栅极相对于源极而言为负,也就是要使沟道夹断,U_p 应为负值,一般在负零点几伏到负十伏之间。

U_t 即开启电压,是指增强型绝缘栅场效管中,使漏源间刚导通时的栅极电压。

g_m 即跨导,是表示栅源电压 U_{GS} 对漏极电流 I_D 的控制能力,即漏极电流 I_D 变化量与栅源电压 U_{GS} 变化量的比值,g_m 是衡量场效应管放大能力的重要参数。

BVDS 即漏源击穿电压,是指栅源电压 U_{GS} 一定时场效应管正常工作所能承受的最大漏源电压,这是一项极限参数,加在场效应管上的工作电压必须小于 BVDS。

P_{DSM} 即最大耗散功率,是一项极限参数,是指场效应管性能不变坏时所允许的最大漏源耗散功率。使用时场效应管实际功耗应小于 P_{DSM} 并留有一定余量。

I_{DSM} 即最大漏源电流,是一项极限参数,是指场效应管正常工作时,漏源间所允许通过的最大电流,场效应管的工作电流不应超过 I_{DSM}。

2. 结型场效应管的特性

(1)转移特性(控制特性)反映了场效应管基本任务在饱和区时栅极电压 U_{GS} 对漏极电流 I_{D} 的控制作用,如图 4-3-1(a)所示。

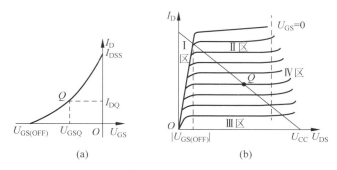

图 4-3-1　N 沟道场效应管转移特性、输出特性

(2)输出特性(漏极特性)反映了漏源电压 U_{DS} 对漏极电流 I_{D} 的控制作用,如图 4-3-1(b)所示。从输出特性可知,场效应管的工作状态可分为 4 个区域:可变电阻区、饱和区或恒流区、截止区、击穿区。

3. 场效应管放大电路的直流工作点

为了使场效应管不失真地放大信号,必须要建立合适的直流偏置电压 U_{GS},使场效应管工作在线性放大区(饱和区或恒流区)。饱和区的特点是 U_{DS} 增加时 I_{D} 不变(恒流);而 U_{GS} 变化时,I_{D} 随之变化(受控),场效应管相当于一个受控恒流源。常用的偏置电路有自给偏压(适用于耗尽型)和分压式偏置电路(适用各种类型的 FET),本实验采用 N 沟道结型场效应管、分压式偏置电路,如图 4-3-2 所示。场效应管共源极放大电路的直流工作点为

$$U_{\text{G}} = \frac{R_{\text{G2}}}{R_{\text{G1}} + R_{\text{G2}}} U_{\text{CC}}$$

$$I_{\text{D}} = I_{\text{DSS}} \left(1 - \frac{U_{\text{GS}}}{U_{\text{P}}}\right)^2 \quad (0 \geqslant U_{\text{GS}} \geqslant U_{\text{P}})$$

$$U_{\text{GS}} = U_{\text{G}} - U_{\text{S}} = \frac{R_{\text{G2}}}{R_{\text{G1}} + R_{\text{G2}}} U_{\text{CC}} - I_{\text{D}} R_{\text{S}}$$

4. 场效应管放大电路的动态参数

单管放大器测量性能指标的方法,场效应管放大器都适用。

(1)电压放大倍数 A_{u}。

$$A_{\text{u}} = \frac{U_{\text{o}}}{U_{\text{i}}} = -\frac{g_{\text{m}} R'_{\text{L}}}{1 + g_{\text{m}} R_{\text{S1}}} \quad (\text{其中 } R'_{\text{L}} = R_{\text{D}} \text{ // } R_{\text{L}})$$

(2)输入电阻 r_{i}、输出电阻 r_{o}。

输入电阻 R_{i} 为

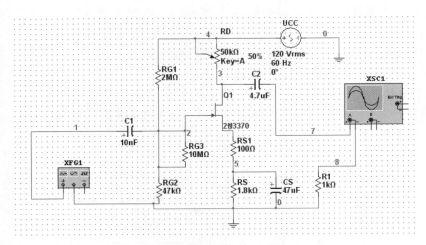

图 4-3-2　场效应管(共源极)放大电路

$$R_i \approx R_{G3} + (R_{G1} /\!/ R_{G2})$$

输出电阻 R_o 为

$$R_o \approx R_D$$

5. 输入电阻 R_i、输出电阻 R_o 的测量方法

(1) 输入电阻 R_i 的测量方法。

场效应管的 R_i 比较大,如果直接测量输入电压 U_s 和 U_i,则限于测量仪器的输入电阻有限,必然会带来较大的误差,因此为了减小误差,常利用被测放大器的隔离作用,通过测量输出电压 U_o 来计算输入电阻。即在信号源与放大器输入端之间串入已知电阻 R,测量放大器的输出电压 U_{o1};保持 U_s 不变,再把 R 短路(即 $R=0$),测量放大器的输出电压 $U_{o2}=A_u U_s$。由于两次测量中 A_u 和 U_s 保持不变,故

$$U_{o1} = A_u U_i = [R_i/(R + R_i)]U_s A_u$$

可得出

$$R_i = U_{o1} R/(U_{o2} - U_{o1})$$

式中,R 和 R_i 不要相差太大。

(2) 输出电阻 R_o 的测量方法同晶体管低频放大器测量方法。

6. 幅频特性的测试方法

同晶体管低频放大器测量方法。

7. 结型场效应管的引脚识别

判定栅极 G:将万用表拨至 $R \times 1k$ 挡,用万用表的负极任意接一电极,另一只表笔依次去接触其余两个极,测其电阻,若两次测得的电阻值近似相等,则负表笔所接触的为栅极,另外两电极为漏极和源极。漏极和源极互换,若两次测出的电阻都很大,则为 N 沟道;若两次测得的阻值都很小,则为 P 沟道。

判定源极 S、漏极 D:在源、漏之间有一个 PN 结,因此根据 PN 结正、反向电阻存在差异,可识别 S 极与 D 极。用交换表笔法测两次电阻,其中电阻值较低(一般为几千欧至十几千欧)的一次为正向电阻,此时黑表笔的是 S 极,红表笔接 D 极。

另外,可以用万用表的 10k 挡,黑表笔接漏极,红表笔接源极,短接一下栅极和漏极,表

针指向 0,短接一下栅极和原极,若指针指向无穷大,则场效应管是好的。或者用万用表的电阻挡测量它的任意两个脚的电阻时,只要两个脚的电阻值不大(即两个脚是通路),此管就被击穿了。

8. 场效应管与晶体三极管的比较

场效应管是电压控制元件,栅极基本不消耗电流,所以输入电阻非常高(可达几百兆欧),由输入端引入的电流噪声相当小,改变源栅极间电压 U_{GS},就可以改变漏极电流 I_D;而晶体管是电流控制元件。在只允许从信号源取较少电流的情况下,应选用场效应管;而在信号电压较低,又允许从信号源取较多电流的条件下,应选用晶体管。有些场效应管的源极和漏极可以互换使用,栅压也可正可负,灵活性比晶体管好。

由于场效应管放大器的输入阻抗很高,因此耦合电容的容量可以较小,不必使用电解电容器。场效应管可以用作电子开关,场效应管很高的输入阻抗非常适合作阻抗变换,多级放大器的输入级作阻抗变换、用作可变电阻、用作恒流源。

三、实验步骤

1. 测量工作点及输入/输出波形

按图 4-3-2 所示电路接线。接线过程中需要调用场效应管,这里采用 2N3370,场效应管在晶体管大类中,调用步骤为: Transistors → JFET_N → JFET_N,最后在元件库中选择 2N3370 。在接线时应特别注意电解电容的方向!

输入端接入 $U_{im}=20\text{mV}$、$f=1\text{kHz}$ 的交流信号,调节电位器 R_D 使输出端输出幅值最大且不失真(电位器默认增量为 5%,在调节时如果变化过快,可以双击电位器图标,更改增量值使结果更准确),测量记录相应的 U_D、U_S、U_G、I_D 值,填入表 4-3-1 中。并用示波器测量 U_i、U_o、U_{oL},定量画出 U_i、U_o 波形,填入表 4-3-2 中。

表 4-3-1　直流工作点记录表

测　量　值					计　算　值
$R_D/\text{k}\Omega$	U_D/V	U_G/V	U_S/V	I_D/mA	U_{GS}/V

表 4-3-2　放大倍数、输出电阻及输入/输出波形

测　量　值				输入/输出波形(定量)	计　算　值		
$R_D/\text{k}\Omega$	U_i/V	U_o/V	U_{oL}/V		A_u	A_{uL}	$R_o/\text{k}\Omega$

2. 测量输入电阻

输入信号 U_s 不变,在信号源与放大器输入端之间串入已知电阻 R,如图 4-3-3 所示,测量放大器的输出电压 U_{o1};保持 U_s 不变,再把 R 短路(即 $R=0$),测量放大器的输出电压 U_{o2},填入表 4-3-3 中。

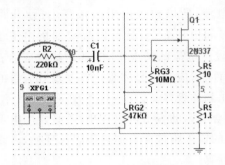

图 4-3-3　场效应管放大电路(加输入电阻)

表 4-3-3　输入、输出电阻数据记录表

测　量　值			计算值
R	U_{o1}/V	U_{o2}/V	$R_i/k\Omega$
220kΩ			

3. 测量幅频特性曲线

$R_D=15k\Omega$(由于 2M 的电位器不方便调到 15kΩ,这里直接换上 15kΩ 定值电阻), $R_L=\infty$(即断开),输入信号频率为 $f=1kHz$ 的正弦波,调节信号源电压 $U_{sp\text{-}p}$ 幅度,使输出电压不失真,记录此时的 $U_{op\text{-}p}$、$U_{ip\text{-}p}$ 值。然后保持输入信号 $U_{sp\text{-}p}$ 不变,改变输入信号的频率,用逐点法测量并记录输出电压下降为 $0.9U_{op\text{-}p}$、$0.8U_{op\text{-}p}$、$0.7U_{op\text{-}p}$、$0.6U_{op\text{-}p}$、$0.3U_{op\text{-}p}$ 时所对应的频率,填入表 4-3-4 中。

表 4-3-4　幅频特性曲线数据记录表

U_o/U_i	0.3	0.6	0.7	0.8	0.9	1	1	0.9	0.8	0.7	0.6	0.3
$U_{op\text{-}p}/V$												
$f(kHz)$												

$U_{ip\text{-}p}=$ ＿＿＿ mV, $f_L=$ ＿＿＿ kHz, $f_H=$ ＿＿＿ kHz, $f_{BW}=f_H-f_L=$ ＿＿＿ kHz

四、思考题

1. 场效应管没有 β,即没有电流放大倍数,为什么?
2. 场效应管的跨导的定义是什么?它的值是大些好,还是小些好?
3. 写出用实验数据求跨导的公式。
4. 场效应管输入回路中的电容 C_1 为什么可以取得小一些?

实验四

负反馈放大器

一、实验目的

1. 学会对负反馈放大器各项指标的测试方法。
2. 加深理解放大电路中引入负反馈后对放大器各项性能指标的影响。
3. 学会使用 Multisim 10 中的分析功能。

二、实验原理

反馈就是把放大器输出端信号(电压或电流)的一部分或全部通过反馈网络,引回到输入端。放大器的反馈极性有正反馈和负反馈。加入反馈后使放大器的净输入信号减小,从而使输出信号减小,这样的反馈为负反馈。

由于晶体管的参数会随着环境温度改变而改变,不仅放大器的工作点、放大倍数不稳定,还存在失真、干扰等问题。为改善放大器的这些性能,常常在放大器中加入负反馈环节。根据输出端采样方式和输入端比较方式的不同,可以把负反馈放大器分成 4 种基本组态:电流串联负反馈、电压串联负反馈、电流并联负反馈、电压串联负反馈,见图 4-4-1。

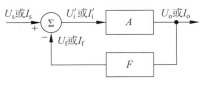

图 4-4-1　负反馈示意图

1. 负反馈对放大器性能的影响

负反馈在电子电路中有着广泛的应用,虽然它使放大器的放大倍数降低,但能在多方面改善放大器的动态指标,例如,提高放大倍数的稳定性,改变输入/输出电阻,减小非线性失真和拓宽通频带等,因此,几乎所有的实用放大器都带有负反馈。

1）闭环放大器的增益下降

基本放大器（无负反馈）的电压放大倍数，即开环电压放大倍数 A_u 为（$R_\mathrm{L} = \infty$）

$$A_\mathrm{u} = \frac{U_\mathrm{o}}{U_\mathrm{i}}$$

加入负反馈后放大器的电压放大倍数，即闭环电压放大倍数为

$$A_\mathrm{uf} = \frac{A_\mathrm{u}}{1 + A_\mathrm{u}F}$$

其中 $|1 + A_\mathrm{u}F|$ 为反馈深度，它的大小决定了负反馈对放大器性能改善的程度，其值越大，负反馈作用越强。由上式可知，引入负反馈会使放大器的电压放大倍数降低，但改善了放大器的其他性能。

2）提高增益稳定性

电路放大倍数的稳定性通常用放大倍数的相对变化量来衡量，即 $\dfrac{\mathrm{d}A_\mathrm{uf}}{A_\mathrm{uf}} = \dfrac{1}{1 + A_\mathrm{u}F} \dfrac{\mathrm{d}A_\mathrm{u}}{A_\mathrm{u}}$，放大电路闭环放大倍数的相对变化量说明，引入负反馈后，放大倍数要下降为 $\dfrac{1}{1 + A_\mathrm{u}F}$，但放大倍数稳定性却提高了 $1 + A_\mathrm{u}F$ 倍。当 $1 + A_\mathrm{u}F \gg 1$ 时，即深度负反馈时，$A_\mathrm{uf} \approx \dfrac{1}{F}$，因为反馈系数 F 一般是由性能稳定的无源器件组成，所以 A_uf 比较恒定。

当输入信号一定时，电压负反馈只能使输出电压基本稳定，电流负反馈只能使输出电流基本稳定。

3）改变输入电阻 R_if，输出电阻 R_of

由于串联负反馈是在原放大器的输入回路串接了一个反馈电压，因而提高了放大器的输入电阻（$R_\mathrm{if} = (1 + A_\mathrm{u}F)R_\mathrm{i}$，$R_\mathrm{i}$ 为基本放大器的输入电阻）；而并联放大器是增加原放大器的输入电流，因而降低了放大器的输入电阻（$R_\mathrm{if} = R_\mathrm{i} / (1 + A_\mathrm{u}F)$）。

电压反馈使放大器的输出电阻降低$\left(R_\mathrm{of} = \dfrac{R_\mathrm{o}}{1 + A_\mathrm{u}F}, R_\mathrm{o}\ \text{为基本放大器的输出电阻}\right)$；而电流反馈使放大器的输出电阻变大（$R_\mathrm{of} = R_\mathrm{o}(1 + A_\mathrm{u}F)$）。

4）拓宽了通频带

阻容耦合放大器的幅频特性，在中频范围放大倍数较高，在高、低频两端放大倍数较低，开环通频带为 f_BW，引入负反馈后，放大倍数降低，但是高、低频各种频率的放大倍数降低的程度不同。

如图 4-4-2 所示，对于中频段，由于开环放大倍数较大，则反馈到输入端的反馈电压也较大，所以闭环放大倍数减小很多；对于高、低频段，由于开环放大倍数较小，则反馈到输入端的反馈电压也较小，所以闭环放大倍数减小得少。因此，负反馈放大器的整体幅频特性曲线会下降，但中频段降低较多，高、低频段降低较少，相当于通频带拓宽了。

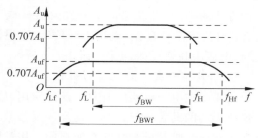

图 4-4-2　负反馈对幅频特性的影响

5）减小非线性失真

负反馈减小非线性失真的原理可以从增益稳定性得到解释。非线性失真是因某输入波形各点的瞬时增益不一致产生的,负反馈可使各点瞬时增益的不一致性缩小,所以失真也随之减小。应当注意的是,负反馈减少非线性失真所指的是反馈环内的失真。当然负反馈环只能减小非线性失真而不能消除失真。

2. 引入负反馈的一般原则

需要稳定静态工作点,则引入直流负反馈。

各种负反馈类型对放大器性能的影响,如表 4-4-1 所示,可以根据实际需要确定引入负反馈的类型。

表 4-4-1　各种负反馈类型对放大器性能的影响

反馈类型 放大器性能	串 联 电 压	并 联 电 压	串 联 电 流	并 联 电 流
输入电阻	增加	减小	增加	减小
输出电阻	减小	减小	增加	增加
通频带	增宽	增宽	增宽	增宽
非线性失真、噪声	减小	减小	减小	减小

本实验以串联电压负反馈为例,研究负反馈对放大器性能的影响。

三、实验步骤

1. 测量静态工作点

启动 Multisim,在电路工作区中创建出如图 4-4-3 所示的电路。调节信号发生器 V1 的大小,使输出端 10 在开环情况下输出不失真。启动直流工作点分析,记录数据,填入表 4-4-2 中(直流工作点分析位置如图 4-4-4 所示)。

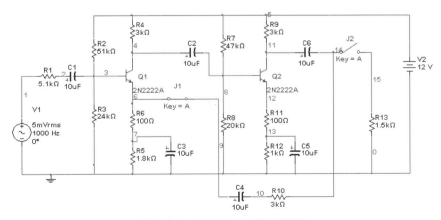

图 4-4-3　Multisim 电路创建图

表 4-4-2　静态工作点数据

三极管 Q1			三极管 Q2		
u_b	u_c	u_e	u_b	u_c	u_e

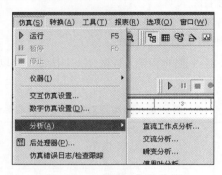

图 4-4-4　直流工作点分析

2. 交流测试

在图 4-4-3 中,改变 J1、J2 状态,从而改变电路放大状态和负载电阻大小,并将测量的 U_i 和 U_o 填入表 4-4-3,并计算电压放大倍数 A_u。

表 4-4-3　开/闭环状态下放大电路对比数据

电路状态	R_L(图 4-4-3 中的 R11)	U_i	U_o	A_u
开环(J1 打开)	$R_L = \infty$(J2 打开)			
	$R_L = 1.5\text{k}\Omega$(J2 闭合)			
闭环(J1 闭合)	$R_L = \infty$(J2 打开)			
	$R_L = 1.5\text{k}\Omega$(J2 闭合)			

3. 负反馈对失真的改善

J1 打开,电路在开环状态,适当加大 U_i 的大小,使其输出失真;然后闭合开关 J1,电路在闭环状态,将两者情况下的 U_o 波形记录在表 4-4-4 中。

表 4-4-4　开环/闭环状态下输出波形对比

开环状态 U_o 波形	闭环状态 U_o 波形

4. 测试放大频率特性

(1) 如图 4-4-5 所示,进入交流分析过程。

(2) 如图 4-4-6 所示,输入参数,包括"频率参数"和"输出"两部分。

(3) 单击仿真,出现如图 4-4-7 所示界面。

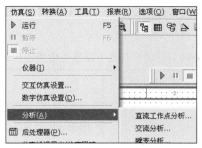

图 4-4-5　交流分析

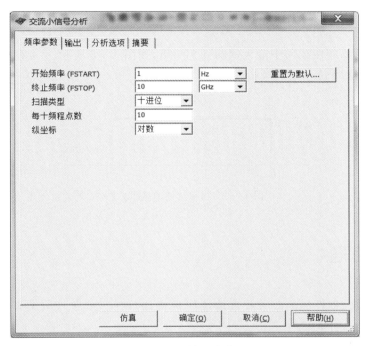

图 4-4-6　输入参数

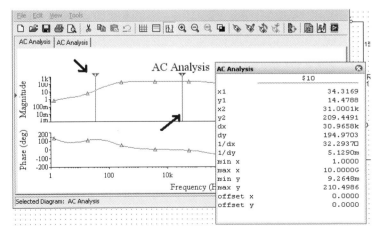

图 4-4-7　交流分析仿真界面

图 4-4-7 中的箭头是可以移动的,左边框中的数据也随之改变,记录开环时的图形和闭环时的图形,并填入表 4-4-5。

表 4-4-5　开/闭环状态下交流小信号分析数据表

开　环			闭　环		
图形			图形		
	f_L	f_H		f_L	f_H

f_L 和 f_H 是幅频曲线图中最大值的 0.707 倍,如图 4-4-8 所示。

$f_H - f_L$ 就是带宽。

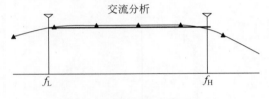

图 4-4-8　幅频特性曲线示意图

四、思考题

1. 负反馈放大器性能的改善程度取决于反馈深度 $1 + A_u F$,$1 + A_u F$ 是否越大越好?为什么?

2. 负反馈对增益稳定性影响时为何考虑反馈深度 $|1 + A_u F|$?

3. 负反馈对电路有何影响?

实验五

差动放大电路

一、实验目的

1. 学习调节差动放大器的静态工作点。
2. 掌握差动放大器性能的基本测试方法。
3. 学习带恒流源式差动放大器的设计方法和调试方法。

二、实验原理

1. 直接耦合

在生产实践中,一是需要对一些变化极缓慢(或者是直流)的信号进行放大;二是在集成电路中,由于制作耦合电容和变压器的困难,都需要采用直接耦合电路。但是采用直接耦合,会带来两个问题:一是电路的各级直流工作点不是互相独立的,会产生级间电平如何配置才能保证有合适的工作点和足够的动态范围的问题;二是当直流放大电路输入端不加信号时,由于温度、电源电压的变化或其他干扰而引起的各级工作点电位的缓慢变化,都会经过各级放大使末级输出电压偏离零值而上下摆动,这种现象称为零点漂移。

2. 差动式直流放大电路(也称为差动放大器)

差动放大器是一种零点漂移很小的直流放大器,典型差动式直流放大电路如图 4-5-1 所示。常用作直流放大器的前置级,也是组成模拟集成电路的重要单元之一。它是一种特殊的直接耦合放大电路,要求电路两边的元件完全对称,即两晶体管型号相同、特性相同、各对应电阻值相等。

1) 静态工作点估算

设 $U_{B1} = U_{B2} \approx 0$,则发射极电流为

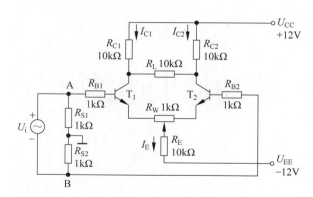

图 4-5-1　差动放大器原理图

$$I_E \approx \frac{|U_{EE}| - U_{BE}}{R_E}$$

集电极电流为

$$I_{C1} = I_{C2} = \frac{I_E}{2}$$

2) 差模特性

将差模电压(大小相等、极性相反)分别加到差动放大电路的两个输入端,在差模信号的作用下,差动放大电路的集电极电阻会产生大小相等、极性相反的变化电压,以这两端作为放大器的输出端,即可获得双端差模电压输出。以这两端的任何一端作为差模放大器的输出,则可获得单端差模电压输出。

双端输出差模电压放大倍数为

$$A_{ud} = \frac{U_{od1} + U_{od2}}{U_{id}}$$

单端输出差模电压放大倍数为

$$A_{ud1} = \frac{U_{od1}}{U_{id}} = \frac{1}{2}A_{ud} = -\frac{\beta R_c}{2r_{be}} \quad \text{或} \quad A_{ud2} = \frac{U_{od2}}{U_{id}} = \frac{1}{2}A_{ud} = \frac{\beta R_c}{2r_{be}}$$

若 U_{od1}、U_{od2} 不相等,则说明放大器的参数不完全对称。若 U_{od1}、U_{od2} 相差较大,则应重新调整静态工作点,使电路性能尽可能对称。

3) 共模特性

当差动放大器输入一对共模信号(大小相等、极性相同)时,双端共模输出电压应接近0,说明差分放大器双端输出时,对零点漂移等共模干扰信号有很强的抑制能力;单端共模输出电压的数值大小与两管共用的发射极电阻 R_E 取值有关。R_E 愈大,稳定性愈好。但由于负电源 U_{EE} 不可能用得很低,因而限制了 R_E 阻值的增大。

双端输出共模电压放大倍数为

$$A_{uc} = \frac{U_{oc}}{U_{ic}} = \frac{U_{oc1} - U_{oc2}}{U_{ic}} \approx 0$$

单端输出共模电压放大倍数为(差模放大器的发射极电阻 R_E 足够大):

$$A_{\mathrm{uc1}} = \frac{U_{\mathrm{oc1}}}{U_{\mathrm{ic}}} = \frac{U_{\mathrm{oc2}}}{U_{\mathrm{ic}}} = \frac{-\beta R_{\mathrm{C}}}{R_{\mathrm{B}} + r_{\mathrm{be}} + (1+\beta)\left(\frac{1}{2} R_{\mathrm{w}} 2 R_{\mathrm{E}}\right)} \approx -\frac{R_{\mathrm{C}}}{2 R_{\mathrm{E}}}$$

4）共模抑制比

共模抑制比 K_{CMR} 是表征差动放大器对共模信号的抑制能力，即

$$K_{\mathrm{CMR}} = \frac{A_{\mathrm{ud}}}{A_{\mathrm{uc}}}$$

对于理想差动放大器，双端输出时的共模抑制比 K_{CMR} 接近 ∞。K_{CMR} 越大，说明差动放大器对共模信号的抑制力越强，放大器的性能越好。

三、实验步骤

1. 静态工作点

1）调节差动放大器零点

按图 4-5-1 在 Multisim 电路工作区创建电路，创建好的电路如图 4-5-2 所示。首先不接入信号源 U_{i}，将放大器 A、B 两点接地，接通 $\pm12\mathrm{V}$ 直流电源。用万用表测量集电极对地的电压 V_{C1}、V_{C2}。若 $V_{\mathrm{C1}} \neq V_{\mathrm{C2}}$，则说明电路不对称，应调整 R_{W}，使得 $V_{\mathrm{C1}} = V_{\mathrm{C2}}$，这一过程称为调零，即 $U_{\mathrm{o}} = 0\mathrm{V}$。

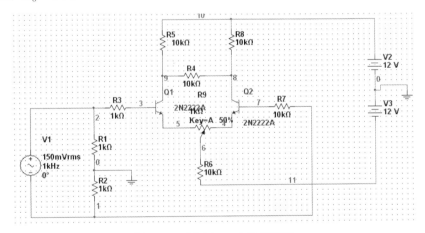

图 4-5-2　Multisim 电路创建图

2）静态工作点

零点调好以后，利用 Multisim 的分析功能进行直流工作点分析，步骤为：仿真→分析→直流工作点分析，测得数据，根据相关公式计算，将所需要的数据记入表 4-5-1 中。

表 4-5-1　静态工作点

测　量　值							计算值		
U_{C1}	U_{B1}	U_{E1}	U_{C2}	U_{B2}	U_{E2}	U_{RE}	I_{C}	I_{B}	U_{CE}

2. 差模电压放大倍数

测量差模电压放大倍数的方法很多,从器件库中选取万用表(设置成交流工作状态)直接跨接 R_L 两端,即可测得双端输出电压有效值,将此值与输入信号有效值相比,即可得双端输出差模电压放大倍数。也可用示波器分别测量输入信号和单端输出信号的峰值或峰-峰值,再相比而求得。

(1) 接入正弦信号 $U_{ip-p}=150\text{mV}$、$f=1\text{kHz}$ 到差动放大器的两个输入端上,测量双端输出时差模电压放大倍数与单端输出时差模电压放大倍数。

(2) 将负载电阻从 $20\text{k}\Omega$ 改为 $10\text{k}\Omega$,重复上述测量。

(3) 将差动放大器的任一输入端接地,另一端输入 150mV(有效值)1kHz 的正弦信号,测量双端输出时差模电压放大倍数与单模输出时差模电压放大倍数。

(4) 将 $10\text{k}\Omega$ 负载电阻改为 $20\text{k}\Omega$ 负载电阻,重复上述测量。

将测量数据填入表 4-5-2。

表 4-5-2   差模电压放大倍数

负载电阻 R_L	$20\text{k}\Omega$		$10\text{k}\Omega$	
测量内容	U_{od}	A_{ud}	U_{od}	A_{ud}
双端输入双端输出				
双端输入单端输出				
单端输入双端输出				
单端输入单端输出				

3. 共模电压放大倍数 A_{uc}、共模抑制比 K_{CMR}

(1) 接入正弦信号 $U_{ip-p}=1500\text{mV}$、$f=1\text{kHz}$,负载电阻为 $20\text{k}\Omega$,测量双端输出时的共模电压放大倍数与单端输出时共模电压放大倍数 A_{uc}。

(2) 计算出双端输出时的共模抑制比(双)和单端输出时的共模抑制比(单)。

将测量数据填入表 4-5-3。

表 4-5-3   共模电压放大倍数

负载电阻 R_L	$20\text{k}\Omega$		
测量内容	U_{oc}	A_{uc}	K_{CMR}
双端输入双端输出			
双端输入单端输出			

四、思考题

1. 差动放大器中两管及元件对称对电路性能有何影响?

2. 可否用交流毫伏表跨接在输出端 R_L 之间(双端输出时)测差动放大器的输出电压 U_{od}? 为什么?

3. 试问在何种情况下差动放大器对共模信号电压才能有较强的抑制能力? 这种能力在实际放大电路中有什么意义?

实验六

集成运算放大器的应用

一、实验目的

1. 研究集成运算放大器在比例放大、相加、相减、积分和微分电路的各种功能。
2. 掌握基本运算电路的设计方法。

二、实验原理

运算放大器是一个高增益的多级直流放大器，只要在其输入、输出端之间加接不同的电路或网络，即可实现不同的功能。例如，连接线性负反馈网络，可实现加法、减法、微分、积分等数学运算；施加非线性负反馈网络，可实现对数、指数、乘除等数学运算及非线性变换功能；连接正反馈网络或正负反馈结合，可以产生各种函数信号；此外，利用运算放大器还可构成各种有源滤波电路、电压比较器等。因此，集成运算放大器是一种应用非常广泛的器件。

理想运放在线性应用时具有两个重要特性：由于 $r_{id} \rightarrow \infty$，故可认为运放两个输入端的电流为零，即 $i_+ = i_- = 0$，称为"虚断"；又因为 $A_{ud} = \infty$，而 $U_o = A_{ud}(U_+ - U_-)$ 为有限值，因此 $U_+ \approx U_-$，称为"虚短"（或称为"虚地"）。

本实验着重以输入和输出之间施加线性负反馈网络后所具有的运算功能进行研究，不考虑运放的调零电路及其补偿。

1. 反相比例放大器

反相比例放大器的信号由反相端输入，构成并联电压负反馈，电路如图 4-6-1 所示。当开环增益为 ∞（大于 10^4 以上）时，反相比例放大器的闭环增益 $A_u = -R_F/R_1$。为了减小输入级偏置电流引起的运算误差，在同相端应接入平衡电阻 $R_2 = -R_1/R_F$。

当 $R_F = R_1$ 时，放大器的输出电压等于其输入电压的负值。此时，它具有反相跟随的作用,称为反相跟随器。

2. 同相比例放大器

同相比例放大器的信号由同相端输入,构成串联电压负反馈,电路如图 4-6-2 所示。当开环增益足够大(大于 10^4 以上)时,同相比例放大器的闭环增益 $A_u = 1 + R_F/R_1$。

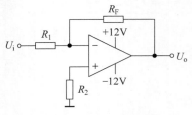　　　　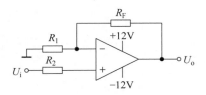

图 4-6-1　反相比例放大器　　　　　　图 4-6-2　同相比例放大器

若放大器增益 A_u 恒大于 1,当 $R_1 \to \infty$(或 $R_F = 0$)时,同相比例放大器具有同相跟随的作用,即 $U_o = U_i$,称之为同相跟随器。同相跟随器如图 4-6-3(a)(b)所示,具有输入阻抗高、输出阻抗低的特点,且有阻抗变换的作用,常用来作缓冲或隔离级。

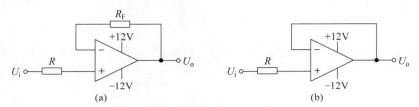

图 4-6-3　电压跟随器

3. 加法器

根据信号输入端的不同有反相加法器和同相加法器两种形式。

1) 反相加法器

反相加法器原理电路如图 4-6-4 所示。

当运算放大器的开环增益足够大时,可认为运放的输入端有一端接地,另一端由于理想运放的"虚地"特性,使得加在此输入端的多路输入电压可以彼此独立地通过自身输入回路电阻转换为电流,精确地进行代数相加运算,实现加法的功能。反相加法器的输出电压为

$$U_o = -\left(\frac{R_F}{R_1}U_{i1} + \frac{R_F}{R_2}U_{i2}\right)$$

当 $R_1 = R_2 = R_F$ 时,$U_o = -(U_{i1} + U_{i2})$。

2) 同相加法器

反相加法器原理电路如图 4-6-5 所示。同相加法器的输出电压为

$$U_o = \left(1 + \frac{R_F}{R_1}\right)R_P\left(\frac{U_{i1}}{R_2} + \frac{U_{i2}}{R_3}\right)$$

式中,$R_P = R_2 /\!/ R_3$。因此,R_P 与每个回路电阻均有关,要满足一定的比例关系,调节不便。

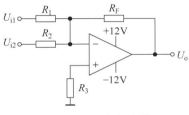

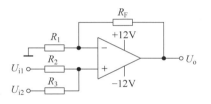

图 4-6-4 反相加法器   图 4-6-5 同相加法器

4. 减法器

减法器电路如图 4-6-6 所示。当运算放大器开环增益足够大时,若取 $R_1 = R_2$, $R_3 = R_F$,则输出电压与各输入电压的关系为

$$U_o = \frac{R_F}{R_1}(U_{i1} - U_{i2})$$

5. 积分器

同相输入和反相输入均可构成积分运算电路。以反相积分为例,电路如图 4-6-7 所示。

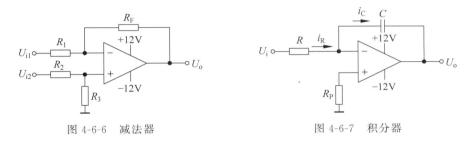

图 4-6-6 减法器   图 4-6-7 积分器

当运算放大器的开环增益足够大时 $i_R = i_C$(理想条件下),其输出电压与输入电压的关系为

$$u_o(t) = -\frac{1}{RC}\int u_i(t)dt + u_C(0)$$

式中,时间常数($\tau = RC$)越大,达到给定的输出值所需的时间就越长。如果电容器两端的初始值电压为零,则

$$u_o(t) = -\frac{1}{RC}\int u_i(t)dt$$

(1)如果输入信号 $u_i(t)$ 为幅度 U 的矩形波,其输出电压 $u_o(t)$ 的波形为三角波,此时输出电压 $u_o(t)$ 的波形是随时间线性上升(或下降)的,其斜率为 U/RC,如图 4-6-8 所示。RC 值过大,在一定的积分时间内,输出电压会过低;RC 值过小,积分器的输出电压会在未达到积分时间要求时就饱和了。RC 应满足 $RC \geqslant \frac{1}{u_{omax}}\int_0^t u_i(t)dt$。

实际积分电路中,应在电容 C 两端并联分流电阻 R_2(一般选取 $R_2 = 10R_1$,常取 $1M\Omega$),以稳定直流工作点减少输出端直流漂移,构成电阻反馈限制整个积分电路放大倍数,如图 4-6-9 所示。

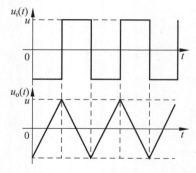

图 4-6-8　输入方波时积分器输入与输出波形

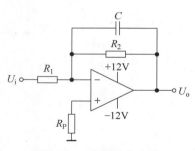

图 4-6-9　实际积分电路

（2）如果输入信号为直流电压 U 时，输出电压 $U_o = -(U/RC)$，其波形为斜坡电压，但其输出电压不会无限制地增加，RC 的数据越大，达到饱和所需的时间就越长。RC 应满足 $RC \geqslant \dfrac{U}{U_{omax}} t$。

6. 运算放大器电源

运算放大器选用 LM358H，调用 12V 直流电源，然后按图 4-6-10 接到运算放大器实验电路中。

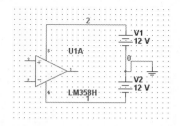

图 4-6-10　运放电源接线示意图

三、实验步骤

（一）用运算放大器 LM358 完成下面设计

1. 设计反相比例放大器

要求：根据 $|U_o| = 10 U_i$ 数学运算关系，设计反相比例放大器。

（1）$U_{im} = 1V$。

（2）$U_{im} = 0.5V$、$f = 1kHz$ 的正弦信号。

2. 设计同相比例放大器

要求：根据 $U_o = 11 U_i$ 数学运算关系，设计同相比例放大器。

3. 设计反相加法器

（1）要求：$U_o = U_{i1} + U_{i2}$，$U_{i1p-p} = 2V$、$f = 1kHz$（正弦波）；$U_{i2} = 3V$ 直流电。

（2）要求：$U_o = U_{i1} + 2U_{i2}$，$U_{i1p-p} = 2V$、$U_{i2p-p} = 1V$、$f = 1kHz$（正弦波）。

（二）用运算放大器 LM358 组成运算电路

1. 减法器

根据图 4-6-6 接线，$R_1 = R_2 = 10k\Omega$、$R_3 = R_F = 100k\Omega$，定量绘制输入、输出电压波形。

（1）$U_{i1p-p} = 2V$、$U_{i2p-p} = 1.8V$。

（2）$U_{i1p-p} = 1V$、$U_{i2p-p} = -0.5V$。

按要求在 Multisim 中创建好的电路如图 4-6-11 所示,设定信号源的频率为 1kHz。在连接时一定要注意信号源输入芯片的正负端,否则会出现错误!

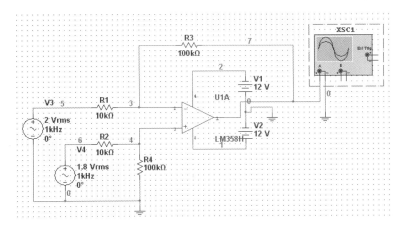

图 4-6-11　减法器

连接好后,打开电源开关,双击示波器打开主盘面,出现如图 4-6-12 所示的输出波形,用标尺线读出其峰-峰值以及频率大小,定量画出波形,记录在表 4-6-1。

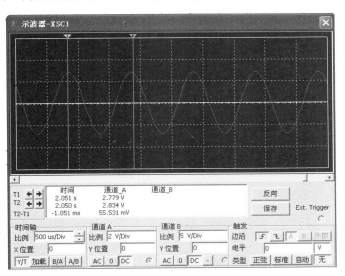

图 4-6-12　输出波形示意图

表 4-6-1　减法器数据记录表

实 验 条 件	输入、输出电压波形(定量)		
$U_{i1p\text{-}p}=2V$,$U_{i2p\text{-}p}=1.8V$	u_{i1}/V	u_{i2}/V	u_o/V

实 验 条 件	输入、输出电压波形(定量)		
$U_{i1p\text{-}p}=1\text{V}$、$U_{i2p\text{-}p}=0.5\text{V}$	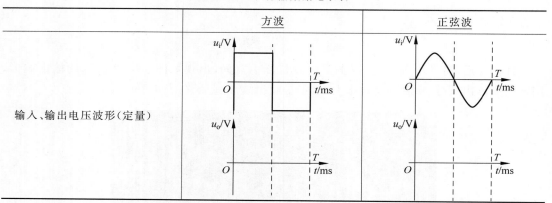		

2. 积分器

实验电路按图 4-6-9 连接,$R_1=100\text{k}\Omega$、$R_2=1\text{M}\Omega$、$R_P=91\text{k}\Omega$、$C=0.15\mu\text{F}$,记录输出电压幅值,填入表 4-6-2 中。用双踪示波器同时观察 U_o 和 U_i 的波形,定量画出输入、输出波形。

表 4-6-2　积分器数据记录表

	方波	正弦波
输入、输出电压波形(定量)		

(1) $U_{ip\text{-}p}=3\text{V}_{p\text{-}p}$、$f=50\text{Hz}$ 的方波信号。

(2) $U_{ip\text{-}p}=2\text{V}$、$f=1\text{kHz}$(正弦波信号)。

这里以方波为例,在 Multisim 中创建好的电路如图 4-6-13 所示,按照理论输出应为三角波,通过示波器验证的波形如图 4-6-14 所示,将波形定量画出。

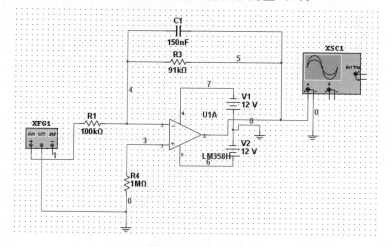

图 4-6-13　积分器

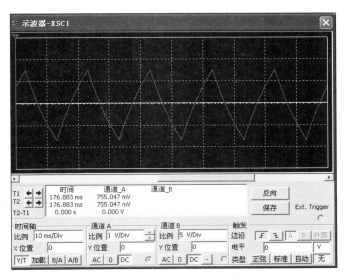

图 4-6-14 输出的三角波

四、思考题

1. 集成运算放大器有哪些应用？它们的基本电路分别是什么？
2. 集成运算放大器开环接法可构成电压比较器，试问如何连接可获得迟滞电压比较器？
3. 加、减、积分运算放大器工作在线性区还是非线性区？
4. 指数、对数运算放大器工作在线性区还是非线性区？

实验七

有源滤波器的性能测试

一、实验目的

1. 熟悉用运放构成的有源低通、高通滤波器。
2. 熟悉有源滤波器的设计过程。
3. 进一步熟悉幅频特性的测试方法。

二、实验原理

滤波器是一种使有用频率信号通过(称为通频带)而抑制无用频率范围(称为阻带)的电路。工程上常将它用于信号处理、数据采集、抑制干扰等。滤波器的种类很多,人们常以能够通过或被抑制信号的频率范围来对滤波器命名,如低通、高通、带通、带阻等。按其结构可分为无源滤波器、有源滤波器,无源滤波器电路简单,但随着负载变化,滤波器的性能也发生变化。有源滤波器是由集成运算放大器和简单的 RC 网络构成的。有源滤波器具有不用电感,体积小、重量轻、通带频率和品质因数容易控制;可以按要求设置增益;无论输出端是否带负载,滤波特性不变;易级联等优点而得到广泛应用。

图 4-7-1 为压控电压源型二阶滤波器,它由施加深度负反馈的运算放大器与 RC 网络组合而构成,线路简单,图中 Y_1、Y_2、Y_3 和 Y_4 选取不同的导纳参数,即可获得低通、高通、带通、带阻等不同形式的传递函数。压控电压源型二阶滤波器的通带电压增益就是同相比例放大电路的电压增益,即 $A_o = A_{uf} = 1 + R_F/R_1$。另外,当 $A_o = A_{uf} < 3$ 时,

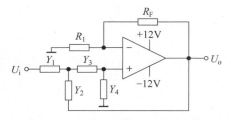

图 4-7-1 压控电压源型二阶滤波器

滤波器才能正常工作；当 $A_o = A_{uf} \geqslant 3$ 时，电路将自激振荡。

本实验仅对二阶低通、高通滤波器进行研究。

1. 二阶有源低通滤波器

当 $Y_1 = Y_3 = R$、$Y_2 = Y_4 = SC$，电路构成了二阶有源低通滤波器，如图 4-7-2 所示，是一种二阶有源低通滤波器的实例。可以证明其幅频响应表达式为

$$\left| \frac{A(j\omega)}{A_o} \right| = \frac{1}{\sqrt{[1 - (\omega/\omega_c)^2]^2 + \omega^2/\omega_c^2 Q^2}}$$

式中

$$A_o = A_{uf} = 1 + R_F/R_1$$

$$\omega_c = 1/RC$$

回路品质因数

$$Q = 1/(3 - A_{uf})$$

上式中的特征角频率 ω_c 就是 3dB 截止角频率，因此上限截止频率为 $f_H = 1/(2\pi RC)$，当 $Q = 0.707$ 时，这种滤波器称为巴特沃斯滤波器。

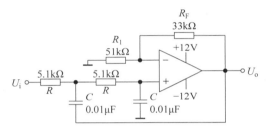

图 4-7-2　二阶有源低通滤波器

2. 有源高通滤波器

当 $Y_1 = Y_3 = SC$，$Y_2 = Y_4 = R$，电路就构成了二阶有源高通滤波器，如图 4-7-3 所示。从理论上来说，滤波器的带宽 $BW = \infty$，但在实际电路中由于受有源器件和外接元件以及杂散参数的影响，带宽受到限制，所以高通滤波器的带宽也是有限的。

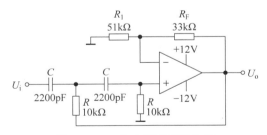

图 4-7-3　二阶有源高通滤波器

幅频响应表达式为

$$\left| \frac{A(j\omega)}{A_{uf}} \right| = \frac{1}{\sqrt{[(\omega_c/\omega)^2 - 1]^2 + \omega_c^2/\omega^2 Q^2}}$$

其下限截止频率为 $f_L = 1/(2\pi RC)$。

3. 带通滤波器

当低通与高通滤波串联,可以构成带通滤波器,条件是低通滤波器的截止频率 f_H 大于高通滤波器的截止频率 f_L。理想带通滤波器的幅频特性如图 4-7-4(a)所示。

4. 带阻滤波器

带阻滤波器可以由低通与高通滤波并联,条件是低通滤波器的截止频率 f_H 小于高通滤波器的截止频率 f_L。理想带阻滤波器的幅频特性如图 4-7-4(b)所示。带阻滤波器也可以由带通滤波器和相加器构成。

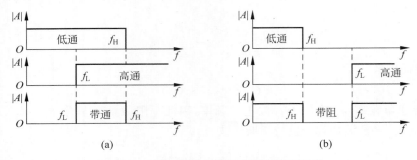

图 4-7-4　理想带通、带阻滤波器的幅频特性

三、实验步骤

1. 二阶有源低通滤波器的特性测试

测试步骤如下:

(1) 按图 4-7-2 在 Multisim 电路工作区创建如图 4-7-5 所示电路,芯片继续选用 LM358H(注意芯片正负引脚)。

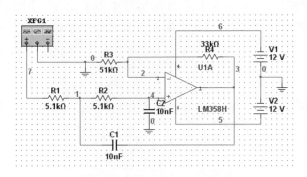

图 4-7-5　有源低通滤波器

(2) 设定输入信号 $U_{ip\text{-}p}=5\text{V}$,$f=100\text{Hz}$。

(3) 连接好后,单击仿真中的交流分析,找到输出线标号,如图中为 3,设置输出为 $V(3)$,最后单击仿真观察图像。可以得到幅频特性和相频特性图如图 4-7-6 所示。单击图标 🔃 调用出标尺线,然后移动标尺线得到对应的读数,记录在表 4-7-1 中。

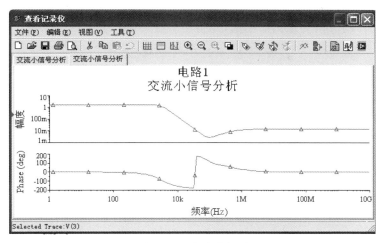

图 4-7-6 交流分析图

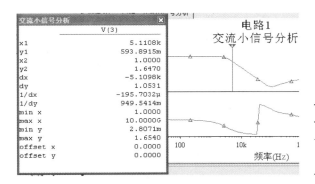

图 4-7-7 值的测量

表 4-7-1 低通滤波器的幅频特性

f/Hz	100				
U_o/V					
理论值	$f_\text{H}=$		实测值	$f_\text{H}=$	
	$A_\text{uF}=$			$A_\text{uF}=$	

注意：在转折频率附近测量的点数应足够，通带内和通带外测量的点数则可少，必须包含转折频率十倍频的频率点。

2．二阶有源高通滤波器的特性测试

（1）按图 4-7-3 在 Multisim 电路工作区创建电路如图 4-7-8 所示。

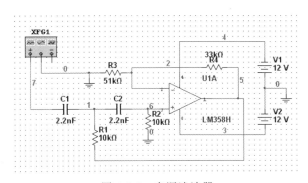

图 4-7-8 有源滤波器

（2）设置输入信号 $U_{ip-p}=1V$、$f=100kHz$。

（3）利用同样的方法测量出所需值，并将测试结果填入表 4-7-2 中，画出幅频特性曲线。

表 4-7-2　高通滤波器的幅频特性

f/kHz	100					
U_o/V						
理论值		$f_L=$		实测值		$f_L=$
		$A_{uf}=$				$A_{uf}=$

四、思考题

1. 如果将上述滤波器的 R_1 和 R_F 同时加大一倍，滤波器的频率特性将会发生怎样的变化？

2. 如果将图 4-7-2（低通滤波器）和图 4-7-3（高通滤波器）并联，可获得怎样的结果？具有怎样的频率特性？

3. 将图 4-7-3（高通滤波器）的输入端串联接到图 4-7-2（低通滤波器）的输出端，可获得怎样结果？怎样才能得到带通滤波器？

实验八

LC振荡器的仿真(综合设计)

一、简述

LC三点式振荡器的基本电路,如图4-8-1所示。根据相位平衡条件,构成振荡电路的 3 个电抗元件中 X_1、X_2 必须为相同性质,X_3 则为相反性质,且需满足 $X_3 = -(X_1 + X_2)$。若 X_1、X_2 为容抗,X_3 应为感抗,称为电容三点式振荡器;反之,则称为电感三点式振荡器。振荡器的振荡条件必须满足振幅条件 $AF > 1$,其中 $A = U_o/U_i$,$F = U_F/U_o$,反馈系数太大或太小都不能满足振幅条件。

改进型电容三点式振荡电路克拉泼、西勒振荡电路,常常作为各种高频信号源及小功率发射机的主振电路。

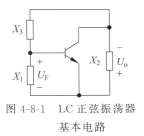

图 4-8-1 LC 正弦振荡器基本电路

二、设计任务和要求

1. 设计任务

在 Multisim 10 环境下,设计一个电容三点式振荡电路。

设计条件:电源电压+12V,晶体管型号自选。

2. 设计要求

主要技术指标:振荡频率 $f_c = 1\text{MHz}$,$U_{\text{op-p}} = 2\text{V}$。

三、设计方案提示

1. 电路形式选择

振荡电路的选择主要考虑工作频率、频率稳定度、调节的难易程度及小组形等。在本次设计中,要求设计固定频率的振荡器,为了得到高频率稳定度,选用克拉泼振荡(分压式偏置)电路。

2. 振荡三极管的选择

对于小功率振荡电路而言,首先要考虑确定晶体三极管,小功率晶体管或场效应管都能满足功率要求,一般要求 $f_T \in (3 \sim 10) f_H$(最高工作频率)、$50 < \beta < 180$(β 过大稳定性差,容易产生寄生振荡;β 过小不易起振)和 I_{CEO} 不宜过大的三极管,以满足起振要求。

3. 静态工作点的选择

单管 LC 振荡电路的幅度平衡和稳定,是靠其起振后进入晶体管的非线性区来实现的。由于饱和区晶体管的输出电阻小,因此并联在 LC 回路上会使回路的 Q 值降低,从而使振荡器的频率稳定度变差;所以一般不希望其工作在近饱和区,通常是使振荡器的静态工作点靠近截止区,静态电流 I_{CQ} 为 $1 \sim 4\text{mA}$。

4. 偏置电路的选择

考虑工作状态的稳定性,偏置电路采用分压式电流负反馈电路。R_E 取值为 $1 \sim 5\text{k}\Omega$,$R_{B1} /\!/ R_{B2} \in (5 \sim 10) R_E$。

5. 谐振回路的选择

选择谐振回路参数,主要考虑尽量减小晶体管极间参数对回路的影响,同时又要保证有足够的环路增益和输出幅度。一般选 $C_3 = \left(\dfrac{1}{10} \sim \dfrac{1}{5} \right) \dfrac{C_1 C_2}{C_1 + C_2}$(工作频率在几兆赫以下为几百皮法,工作频率在几十兆赫时为几十皮法);反馈系数 F 一般取 $\dfrac{C_1}{C_2} = \dfrac{1}{2} \sim \dfrac{1}{8}$;$C_4$ 值选定后,再由 $f_c = \dfrac{1}{2\pi \sqrt{LC}}$ 确定 L 值。

设计的参考电路如图 4-8-2 所示,读者也可自行设计电路。

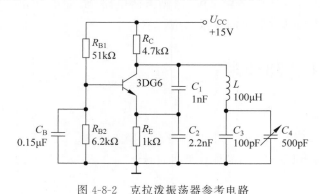

图 4-8-2　克拉泼振荡器参考电路

四、实验报告要求

1. 根据设计好的电路,在 Multisim 软件中搭建电路。
2. 测量静态工作点并记录。

3. 将可变电容的容量调至最大,接通电源,示波器上应该看到电路振荡的波形。调节可变电容,则振荡输出信号的频率与幅度都将发生变化。请用示波器测量可变电容容量最大和最小时的振荡信号频率与幅度。

4. 将 C_3 换成 1nF,重复步骤 2 的过程,用示波器测量可变电容容量最大和最小时的振荡信号频率与幅度。

5. 画出设计电路图、元件参数。

6. 在实验设计电路中(克拉泼振荡器),晶体管集电极电阻 R_C 起什么作用? 过分地加大或减小 R_C 数值将对振荡电路产生怎样的影响?

7. 总结电容 C_3 对振荡频率及幅度的影响。

实验九

小信号谐振放大器

一、实验目的

1. 通过实验进一步熟悉小信号谐振放大器的工作原理及其基本特性。
2. 掌握测量小信号谐振放大特性(幅频特性)的方法。
3. 了解谐振放大器性能指标因素。

二、实验原理

小信号谐振放大器具有只放大所需要的信号,抑制不需要的信号或干扰信号的功能。从电路形式上看,谐振放大器分单调谐放大器、双调谐放大器及参差调谐放大。单调谐放大器选择性不太好,但电路较简单,调整方便。本实验电路就是一个简单的单调谐放大器,对放大器的要求是电压增益高、频率特性应满足通频带及选择性的要求,电路工作应稳定可靠。

1. 谐振放大器的特点

(1)谐振放大器的负载不是纯电阻,而是由 LC 组成的并联谐振回路。

(2)由于 LC 并联谐振回路的阻抗是随频率而变的,所以在谐振频率 $f_0 = 1/(2\pi\sqrt{LC})$ 处,其阻抗是纯电阻且达到最大值。

(3)放大器的选择性。谐振放大器的上限截止频率 f_H 和下限截止频率 f_L 之比接近 1 或略大于 1,具有窄带的性质,因此放大器增益在负载回路的谐振频率时最大,而稍离开此谐振频率放大器的增益就会迅速减小,使谐振放大器具有选频的功能,反映了放大器对不同失谐频率的干扰信号的抑制能力。被选信号的频率取决于 L 和 C 的数值。在实际中通常用矩形系数 $K_{0.1}$ 来衡量实际相对增益曲线接近理想矩形的程度,即 $K_{0.1} = \Delta f_{0.1}/\Delta f_{0.7}$。矩形系数越接近于 1,调谐放大器的选择性也越好。

2. 谐振放大器的性能指标

（1）谐振频率 f_0。

$$f_0 = 1/(2\pi\sqrt{LC})$$

（2）通频带 $\Delta f_{0.7}$。当输出电压下降到放大器谐振输出电压的 70.7% 时所对应的上、下限截止频率，它们的差 $\Delta f_{0.7}$ 为谐振放大器的通频带，即 $\Delta f_{0.7} = f_H - f_L$。

（3）品质因数 Q。Q 越大，通频带越窄，即 $Q = R\sqrt{C/L}$。

三、实验步骤

1. 创建电路

在 Multisim 电路工作区创建如图 4-9-1 所示的电路。

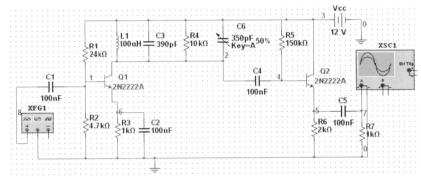

图 4-9-1　单调谐放大器

2. 测量静态工作点

用数字万用表测量电路中三极管 e、b、c 对地电压，然后根据电路参数算出静态工作点 U_{ce}、I_c，填入表 4-9-1 中。

表 4-9-1　测量静态工作点数据记录表

Q_1					Q_2				
U_b	U_e	U_c	U_{ce}	I_c	U_b	U_e	U_c	U_{ce}	I_c

3. 幅频特性

（1）用逐点法（示波器）测量谐振放大器的幅频特性曲线，输入信号 $U_{ip-p} = 10\text{mV}$、$f = 700\text{kHz}$。

（2）用波特图示仪观察谐振放大器的幅频特性曲线并测量数据。

（3）用仿真中的交流分析观察幅频特性曲线（推荐）。

具体步骤如下：

（1）单击仿真开关运行动态分析，将波特图屏幕上的光标移动到增益的最高点，记下：

$$f_0 = \underline{\qquad}$$

（2）将波特图屏幕上的光标移动到增益下降到 3dB 处，记下：

$$f_H = \underline{\qquad} \qquad f_L = \underline{\qquad}$$

计算：
$$\Delta f_{0.7} = \underline{\qquad} \qquad Q = \underline{\qquad}$$

4．改变电路参数，观察对谐振放大器性能的影响

把图 4-9-1 中的 LC 数值改变为 $L = 100\mu H$、$C = 500pF$，输入信号 $U_{ip\text{-}p} = 10mV$、$f = 800kHz$，测量并计算

$$f_0 = \underline{\qquad}$$

$$\Delta f_{0.7} = \underline{\qquad} \qquad Q = \underline{\qquad}$$

把逐点法测量的数据列表，画出谐振放大器的幅频特性曲线，计算利用幅频特性曲线计算带宽 $\Delta f_{0.7}$、品质因数 Q 等参数。

四、思考题

1．单谐振放大器的电压增益 A_u 与哪些因素有关？改变电阻 R_4 的数值时，A_u、$\Delta f_{0.7}$ 应如何变化？

2．观察谐振回路并联电阻数值改变对放大器矩形系数 $K_{0.1}$ 的影响；

3．单调谐振放大器的哪些电阻元件数值变化会影响放大器参数的变化？

实验十

电容三点式振荡器

一、实验目的

1. 熟悉电容三点式振荡器的振荡原理。
2. 通过实验了解西勒振荡器、克拉泼振荡器的性能及优点。
3. 进一步掌握 Multisim 电子设计平台的使用方法。

二、实验原理

  LC 振荡器是一种将直流电源的能量变换为一定波形的交变振荡能量的电路。由于 LC 并联谐振回路具有选频作用，所以使振荡器只有在某一频率时才能满足振荡条件，这种振荡器就称为正弦振荡器，主要用来产生高频正弦信号，振荡频率一般在 1MHz。

  LC 振荡器必须满足相位平衡和振幅平衡两个条件。正反馈保证了反馈信号与输入信号同相，反馈信号的振幅大于或等于输入信号的振幅，即 $\dot{A}\ \dot{F}\geqslant 1$，保证了振幅平衡条件。电源接通后，微小的扰动信号通过电路放大及正反馈使振荡幅度不断增大，直至进入晶体管的非线性区域，产生自给偏压使得放大倍数减小，最后达到了动态平衡，即 $AF=1$，振荡幅度就不变了。

  LC 振荡电路一般有变压器反馈式、电感三点式、电容三点式 3 种。其中电容三点式振荡器是三点式振荡电路中最常用的电路，这种电路输出波形好，工作频率高。在实际应用中常用它的改进型振荡电路，克拉泼振荡器（电容串联型）的振荡频率比较稳定，只要调整串联于电感 L 支路的电容器，即可方便地在小范围调整振荡器的振荡频率。但是随着振荡频率的改变振荡器输出的幅度也将发生变化，且当此电容过小时，振荡器还会因不满足起振条件而停振；西勒振荡器（电容并联型）除了具有克拉泼振荡器的优点外，还具有输出振荡信号幅度稳定的优点，只是电容 C 的改变引起的振荡频率变化范围更小。

三、实验步骤

1. 在 Multisim 平台上创建如图 4-10-1 所示的克拉泼振荡器电路。

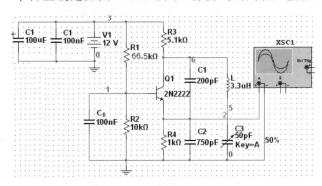

图 4-10-1 克拉泼振荡器

2. 利用 Multisim 的直流分析方法测量此电路的静态工作点并记录在表 4-10-1 中。

表 4-10-1 静态工作点

U_B	U_C	U_E	U_{BE}	U_{CE}	I_C

3. 用虚拟数字万用表测量电路的工作点。打开虚拟电源开关,使电路起振,在振荡波形稳定后读取电压表数值,记录在表 4-10-2 中,测得数据与上述静态工作点进行比较。

表 4-10-2 静态工作点

测量值			计算值		
U_B	U_C	U_E	U_{BE}	U_{CE}	I_C

4. 在表 4-10-3 中记录可变电容调整在 100％、30％、20％、10％、5％时,用虚拟示波器观察振荡器输出振荡信号的频率和幅度。可变电容调整方法:双击可变电容图标,在 Value 栏目内设置:控制键为 C,电容量为 50pF,步进间隔为 1％。按 C 键可改变此电容量的大小,借助 Caps Lock 键可决定电容量的增减方向。

表 4-10-3 振荡器输出振荡信号的频率、幅度

可变电容 C_3	100％(50pF)	30％(15pF)	20％(10pF)	10％(5pF)	<5％(2.5pF)
$U_{op\text{-}p}/V$					
T/ns					
f(MHz,换算值)					
f(MHz,理论值)					

5. 在 Multisim 的电路工作区创建如图 4-10-2 所示的西勒振荡器电路。

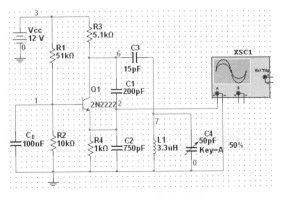

图 4-10-2　西勒振荡器

6. 列表记录可变电容调整在 100％、50％、30％、20％、10％、5％、0％时的振荡器输出振荡信号的频率和幅度(用虚拟示波器进行测量)。

表 4-10-4　振荡器输出振荡信号的频率、幅度

可变电容 C_4	100％(50pF)	30％(15pF)	20％(10pF)	5％(2.5pF)	0％(0pF)
$U_{op\text{-}p}/V$					
T/ns					
f(MHz,换算值)					
f(MHz,理论值)					

7. 观察起振过程:对上述两种振荡电路的任一种进行起始振荡过程的观察并描绘观察到的波形。方法如下:打开电源开关使电路工作,双击示波器图标,再单击示波器面板上的 Expand 按钮,屏幕将出现展开后的示波器面板,单击 Mulitsim 10 电路工作区右上方的 Pause 按钮,使电路暂停工作,用鼠标拖曳示波器面板显示屏下方的进程条至左边,同时合适选择"扫描速度"开关,则可在屏幕上看到完整的起振过程。

四、思考题

1. 根据实验结果,说明克拉泼振荡器和西勒振荡器的性能特点。

2. 电容三点式实验中的克拉泼振荡器和西勒振荡器中,如果分压电容 C_1 和 C_2 的数值同时加大一倍,将产生怎样的结果?

3. 哪些参数能直接影响振荡频率?

实验十一

模拟乘法器调幅与解调

一、实验目的

1. 了解模拟乘法器的基本原理和电路结构。
2. 熟悉并了解模拟乘法器在调制、解调和其他信号处理电路中的应用。
3. 熟悉并掌握模拟乘法器在调制、解调和其他信号处理中的数学运算过程。

二、实验原理

集成模拟乘法器是一种非线性运算电路,能完成两个模拟信号(两个连续变化的电压或电流)的相乘,它具有两个输入端和一个输出端。理想模拟乘法器的输出为 $U_o(t) = KU_X(t)U_Y(t)$,其中 K 为乘积系数。设载波信号为 $U_X = U_c \cos\omega_c t$,调制信号为 $U_Y = U_\Omega \cos\Omega t$,则乘法器的输出为制载波的双边带振幅调制信号

$$U_o(t) = KU_X(t)U_Y(t)$$
$$= KU_c \cos\omega_c t \cdot U_\Omega \cos\Omega t$$
$$= \frac{1}{2}KU_c U_\Omega [\cos(\omega_c + \Omega)t + \cos(\omega_c - \Omega)t]$$

由上式可知,当两个输入端输入交变信号时,模拟乘法器输出端将产生新的频率分量,借助合适的滤波电路选取所需要的信号分量,即可实现多种不同的功能。因此,它是典型的非线性器件,具有频率变换的功能。由于模拟乘法器使用方便、原理清晰,因而在信号处理电路中得到广泛应用。

本实验是利用模拟乘法器实现单音调制的、低电平普通调幅与双边带调幅。必须指出,这里所用的模拟乘法器模块是原理性的,且性能基本是理想的。而实际应用中的模拟乘法器器件则必须配以合适的工作电压,所有输入端也应有合适的偏置,而且输出端还具有一定

的直流分量。这一点请务必注意。

三、实验步骤

1. 利用模拟乘法器实现调幅

（1）在 Multisim 的电路工作区创建如图 4-11-1 所示的电路。其中模拟乘法器的调用方法为：Sources→CONTROL FUNCTION→MULTIPLLER，如图 4-11-2 所示。

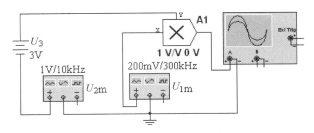

图 4-11-1　用模拟乘法器实现普通调幅

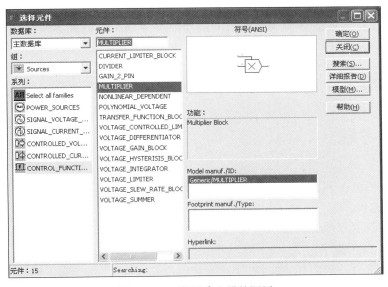

图 4-11-2　模拟乘法器的调用

器件设置：双击模拟乘法器图标，在 Value 栏目内设置乘法器的相关参数，使输出增益等于 1，其余栏目默认状态。

（2）用示波器测量模拟乘法器输出端信号，并定量描绘输出信号的波形图，根据测量结果计算输出信号的调幅系数。

（3）将图 4-11-1 中的 U_3 分别改为 6V 和 1.45V，其他参数不变，重新测量模拟乘法器输出端的信号，并定量描绘出信号波形图，根据测量结果计算输出信号的调幅系数（必须重点观察 $U_3 = 1.45V$ 时的调幅信号 0 点附近的波形）。

（4）将图 4-11-1 中的 U_3 取消，其他参数不变，重新测量模拟乘法器输出端的信号，并定量描绘输出信号波形图。必须指出：电路此时已从普通调幅变成双边带调幅，描绘信号波形图时应注意 0 点附近波形的相位变化，波形图与 $U_3=1.45\text{V}$ 时的普通调幅波形图截然不同。

2. 利用模拟乘法器实现调幅信号的解调

（1）在 Multisim 的电路工作区创建如图 4-11-3 所示的电路。图中参数设置：AM 信号源的输出幅度为 1V、载波频率为 300kHz、调制度（即调制系数 Modulation Index）为 0.5，调制信号频率为 5kHz。

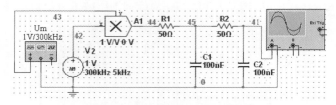

图 4-11-3　双边带调幅信号的同步解调

（2）用示波器测量输出端的信号，并定量描绘输出信号波形图，等待输出信号稳定后再测量。

（3）改变 RC 滤波网络的参数，使 $C=0.01\mu\text{F}$，重新测量输出信号，定性描绘出波形图。

（4）重新设置 AM 信号源参数：输出信号幅度为 0.1V、载波频率 300kHz、调制度为 100，调制信号频率为 5kHz(注：此时是调制信号源的非常规应用)。将 RC 滤波网络的参数恢复为如图 4-11-3 所示的参数值，用示波器检测其波形可见是一抑制载波的双边带调幅波。定量描绘出示波器显示时的输出信号波形图。

四、思考题

1. 根据图 4-11-1 和图 4-11-3 的电原理图和实验结果，请写出两个实验的数学运算过程和最终数学表达式。

2. 根据调幅信号的解调实验步骤(2)、(3)的结果，试分析原因，并验算图 4-11-3 图中 RC 滤波网络的截止频率。

3. 在调幅信号的解调实验中，对比实验步骤(2)、(3)的结果说明了什么问题？

4. 若输入的载波信号和调制信号的幅度大小不同，是否都能影响电路输出的调幅波的调制系数？

实验十二

高频功率放大器的特性测试

一、实验目的

1. 了解高频功率放大器的基本工作原理,掌握高频功率放大器的调谐特性以及负载变时等动态特性。

2. 了解高频功率放大器的物理过程以及当激励信号变化、负载电阻变化等对功率放大器工作状态的影响。

3. 掌握 Multisim 中通过仿真进行有效率的测量方法。

二、实验原理

高频功率放大器是发射机的重要组成部分,通常用在发射机的末级和末前级,主要作用是对高频信号的功率进行放大并高效输出最大的功率,使其满足发射功率的需求。

一般电子线路应用设计中,对功率放大电路的基本要求如下:

(1)输入电阻大,这样可以降低对前级电路的影响。

(2)输出电阻小,这样可以保证相应的功率输出的能力。

(3)线性度好,这可以在功率放大的同时保证很小的波形失真。

(4)效率高,即输出功率与带负载是的输出功率比值大。

为满足上述四项要求,工程中设计出了各种各样的功率放大器。本实验将采用仿真分析的方法,介绍 C 类功率放大器。

根据放大器中晶体管工作状态的不同或晶体管集电极导通角 θ 的范围,可以分为 A 类、AB 类、B 类、C 类、D 类等不同类型的功率放大器,电流导通角越小,放大器的效率越高,C 类功率放大器的 $\theta < 90°$,其效率可达 85%,所以高频功率放大器通常工作在 C 类状态,负载为 LC 谐振回路,以实现选频滤波和阻抗匹配,因此将这类放大器称为谐振功率放大器或窄带高频功率放大器。

三、实验步骤

1. 验证输入/输出信号幅值之间的关系

在 Multisim 中创建电路图，如图 4-12-1 所示。

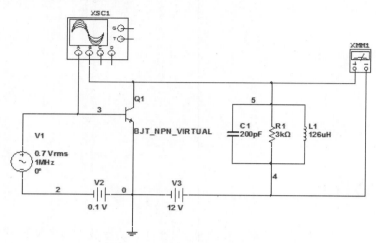

图 4-12-1　Multisim 电路创建图

改变信号的输入幅度分别为 0.7V、1V。

用示波器观察得到的输入/输出信号波形如图 4-12-2 所示。

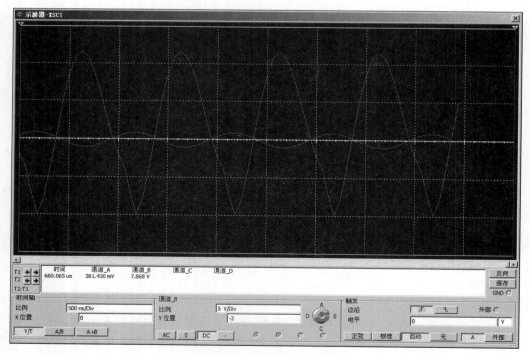

图 4-12-2　0.7V 输入幅值

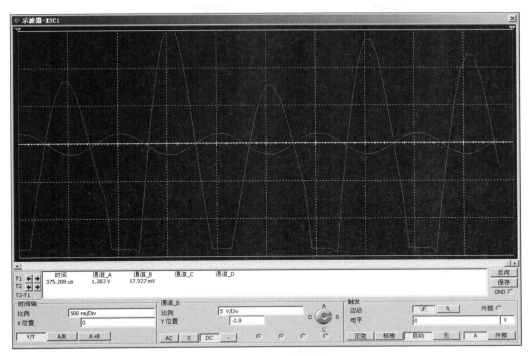

图 4-12-3　1V 输入幅值

通过仿真验证是否出现该波形？通过对比可以得出什么结论？

2．调谐特性仿真

调谐特性是指示负载回路是否调谐在输入载波频率上的重要依据。

在 Multisim 电路窗口中创建如图 4-12-4 所示电路，改变回路电容 C_1（由小到大），观察电流表指示和示波器所测量的输入/输出波形。

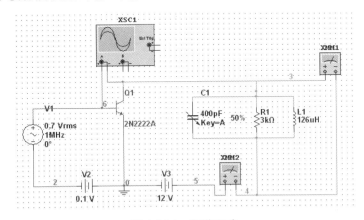

图 4-12-4　调谐电路

将测试结果记录在表 4-12-1 中。

表 4-12-1　调谐特性仿真数据

电容 C_1 (400pF)	10%	20%	30%	40%	50%	60%	70%	80%	90%
输出电压/V									
电流 I_c/mA									

分析仿真结果,具体说明在集电极回路谐振时,输出电压与输出功率的关系。

3. 高频功率放大器负载特性仿真

负载特性是指在其他条件都不变的情况下,高频功率放大器的工作状态随着 R_1 变化的关系,在 Multisim 中创建电路图如图 4-12-5 所示。

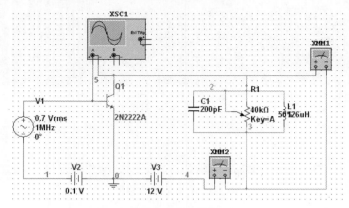

图 4-12-5　负载

将数据记录在表 4-12-2 中,比较得出输出电压与负载电阻关系。

表 4-12-2　负载特性仿真数据

负载电阻(40kΩ)	10%	20%	30%	40%	50%	60%	70%	80%	90%
输出电压/V									

4. 放大特性仿真

放大特性是指在其他条件都不变的情况下高频功率放大器的工作状态及 I_{co} 等随着激励电压 V_{1m} 变化的关系,在 Multisim 中创建电路图如图 4-12-6 所示。

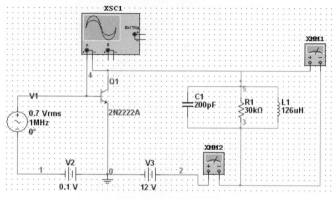

图 4-12-6　放大特性

将数据记录在表 4-12-3 中,比较得出输入电压与集电极电流放大关系。

表 4-12-3　放大特性仿真数据

输入电压/V	0.5	0.6	0.7	0.8	0.9
集电极电流/mA					

四、思考题

1. 简述该高频功率放大器的放大特性。

2. 当回路的自然谐振频率 f_0 与信号源的频率 f_c 恰好一致时称为谐振,此时 I_{c0} 最小与 V_c 最大同时出现,但很多时候 I_{c0} 最小与 V_c 往往并不是同时出现的,这可能是受什么影响?

第五篇 数字电子技术

实验一

集成逻辑门测试及其应用

一、实验目的

1. 熟悉和掌握门电路的逻辑功能及其测试方法,并通过功能测试判断其好坏。
2. 熟悉数字逻辑实验组件的使用方法。
3. 掌握与非门、异或门的逻辑功能、特点及基本应用。

二、实验原理

在数字电路中,最基本的逻辑门可归结为与门、或门和非门。实际应用时,它们可以独立使用,但用得更多的是经过逻辑组合组成的复合门电路。目前广泛使用的门电路有 TTL 门电路。

TTL 门电路是数字集成电路中应用最广泛的,由于其输入端和输出端的结构形式都采用了半导体三极管,所以一般称它为晶体管-晶体管逻辑电路,或称为 TTL 电路。这种电路的电源电压为 $+5\text{V}$,高电平典型值为 $3.6\text{V}(\geqslant 2.4\text{V}$ 合格);低电平典型值为 0.3V($\leqslant 0.45\text{V}$ 合格)。常见的复合门有与非门、或非门、与或非门和异或门。

有时门电路的输入端多余无用,因为对 TTL 电路来说,悬空相当于 1,所以对不同的逻辑门,其多余输入端处理方法不同。

1. TTL 与门、与非门的多余输入端的处理

如图 5-1-1 所示为四输入端与非门,若只需用两个输入端 A 和 B,那么另两个多余输入端的处理方法是:

并联、悬空或通过电阻接高电平使用,这是 TTL 型与门、与非门的特定要求,但要在使用中考虑到,并联使用时,增加了门的输入电容,对前级增加容性负载和增加输出电流,使该门的抗干扰能力下降;悬空使用,逻辑上可视为 1,但该门的输入端输入阻抗高,易受外界干

并联　　悬空　　通过电阻接高电平

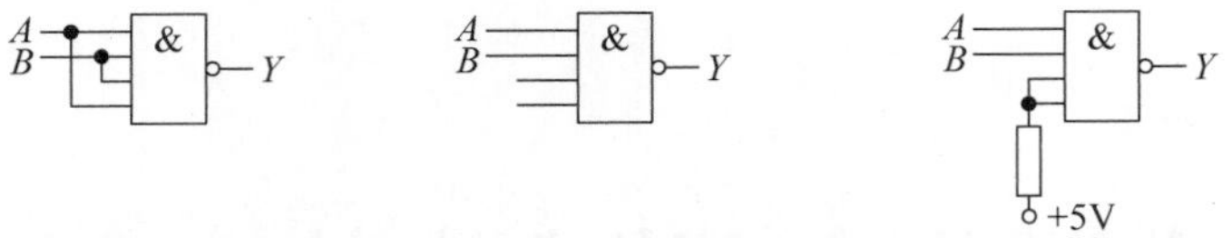

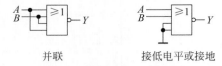

图 5-1-1　TTL 与门、与非门多余输入端的处理

扰；相比之下，多余输入端通过串接限流电阻接高电平的方法较好。

2. TTL 或门、或非门的多余输入端的处理

如图 5-1-2 所示为四输入端或非门，若只需用两个输入端 A 和 B，那么另两个多余输入端的处理方法是并联、接低电平或接地。

并联　　接低电平或接地

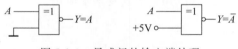

图 5-1-2　TTL 或门、或非门多余输入端的处理

3. 异或门的输入端处理

异或门是由基本逻辑门组合成的复合门电路。如图 5-1-3 所示为二输入端异或门，一输入端为 A，若另一输入端接低电平，则输出仍为 $\overline{A}$；若另一输入端接高电平，则输出为 A，此时的异或门称为可控反相器。

图 5-1-3　异或门的输入端处理

在门电路的应用中，常用到把它们“封锁”的概念。如果把与非门的任一输入端接地，则该与非门被封锁；如果把或非门的任一输入端接高电平，则该或非门被封锁。

TTL 电路由于具有比较高的速度，比较强的抗干扰能力和足够大的输出幅度，再加上带负载能力比较强，因此在工业控制中得到了最广泛的应用，但由于 TTL 电路的功耗较大，目前还不适合用于大规模集成电路。

三、实验步骤

1. 测试与非门(74LS00)逻辑功能的好坏

图 5-1-4(a)(b)是与非门的接线图和原理图，按照图 5-1-4 在 Multisim 电路工作区创建电路，创建好的电路如图 5-1-5 所示。单刀双掷开关一端接 5V 直流电源代表逻辑高点平 1，另一端接地代表逻辑低电平 0，指示灯选择 Indicators 中的 PROBE，颜色选择 red。闭合断开开关，改变输入端的高低电平，观察其输出端指示灯的亮暗变化，指示灯亮表示输出高电平 1，暗表示输出低电平 0，并将输出状态填入表 5-1-1。

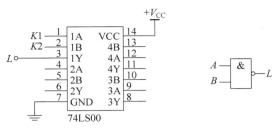

(a) 测试与非门逻辑功能连线图　　　(b) 测试与非门逻辑功能原理图

图 5-1-4　与非门

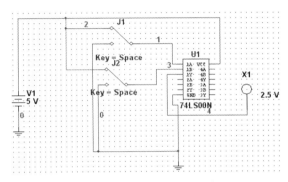

图 5-1-5　Multisim 电路创建图

表 5-1-1　与非门真值表

A	B	Y
0	0	
0	1	
1	0	
1	1	

2. 测试异或门(74LS86)逻辑功能的好坏

按图 5-1-6 所示在 Multisim 电路工作区接好连线,连接好的电路如图 5-1-7 所示,开启电源开关,通过闭合断开双掷开关,改变输入端的高低电平,观察其输出端指示灯的亮暗变化,并将输出状态填入表 5-1-2。

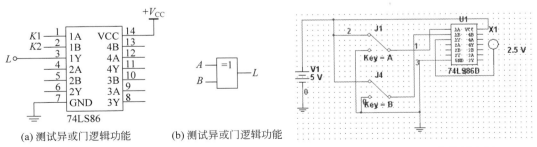

(a) 测试异或门逻辑功能　　　　　(b) 测试异或门逻辑功能

图 5-1-6　异或门逻辑

图 5-1-7　Multisim 电路创建图

表 5-1-2　异或门真值表

A	B	Y
0	0	
0	1	
1	0	
1	1	

3. TTL 门电路多余输入端的处理方法

将 74LS00 和 74LS86 按图 5-1-4(a)和图 5-1-6(a)连线后,A 输入端分别接地、电源端、悬空、与 B 并接,观察当 B 输入端输入信号分别为高、低电平时,相应输出端的状态,并填入表 5-1-3。在接线时,B 单独接 5V 直流电源,A 分别与两种状态相连接,通过开关控制,闭合其中一个时,另外一个断开,在 Multisim 中创建的电路如图 5-1-8 所示。悬空状态是同时断开与 A 相连的两个开关,并联状态首先去掉与 A 相连的线,然后引一根线与 B 相连。

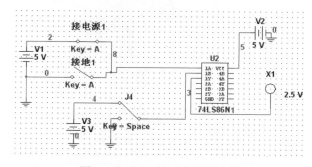

图 5-1-8　Multisim 电路创建图

表 5-1-3　与非门、异或门逻辑功能测试

输入		输出	
A	B	74LS00(L)	74LS86(L)
接地			
接电源			
悬空			
A、B 并接			

4. 用异或门实现奇校验电路

电源开关拨向 OFF。按图 5-1-9 连接,把异或门电路的输入端 A、B、C、D 分别连接创建的逻辑电平输入开关,把异或门电路输出端 L 连接指示灯,创建好的电路如图 5-1-10 所示。把电源开关拨向 ON,通过闭合或断开开关,改变输入端的高低电平,观察其输出端发光二极管的亮暗变化,并将输出状态填入表 5-1-4。

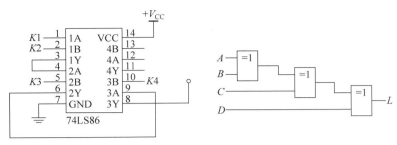

(a) 测试奇校验电路的连线图　　　　　(b) 测试奇校验电路功能原理图

图 5-1-9　奇校验电路

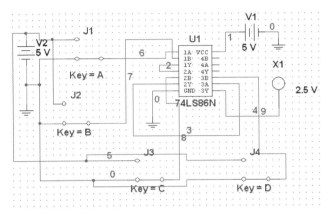

图 5-1-10　Multisim 电路创建图

表 5-1-4　奇校验电路真值表

输入 $DCBA$	输出 L	输入 $DCBA$	输出 L	输入 $DCBA$	输出 L	输入 $DCBA$	输出 L
0000		0100		1000		1100	
0001		0101		1001		1101	
0010		0110		1010		1110	
0011		0111		1011		1111	

5．用与非门的简单应用

测试如图 5-1-11 所示的组合逻辑电路，按要求完成表 5-1-5。

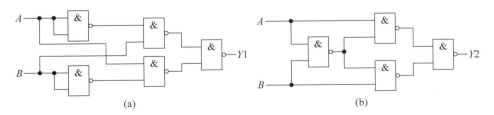

　　　　　(a)　　　　　　　　　　　　　　　　(b)

图 5-1-11　组合逻辑电路

表 5-1-5   组合逻辑电路真值表

A	B	Y1	Y2
0	0		
0	1		
1	0		
1	1		

四、思考题

1. 整理实验数据结果,并画有关的时间波形图。

2. TTL 门电路输出端为什么不允许并联使用?

3. 用与非门实现或门、或非门、异或门,要求画出原理图。

4. 在图 5-1-12 与或非门实现 $Y = \overline{AB + CD}$ 的功能,多余输入端引脚应如何处理?

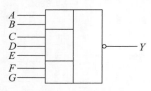

图 5-1-12   与或非门逻辑符

实验二

译码器和编码器

一、实验目的

1. 了解数码显示管的工作原理。
2. 熟悉中规模译码器的简单应用。

二、实验原理

1. 译码器

(1) 译码器是一个多输入、多输出的组合逻辑电路。它的作用是对给定的代码进行"翻译",变成相应的状态,使输出通道中相应的一路有信号输出。译码器在数字系统中有广泛的用途,不仅用于代码的转换、终端的数字显示,还用于数据分配、存储器寻址和组合控制信号等。实现不同的功能可选用不同种类的译码器。

(2) 译码器可分为通用译码器和显示译码器两大类。前者又分为变量译码器和代码变换译码器。

变量译码器(又称二进制译码器):用以表示输入变量的状态。若有 n 个输入变量,则有 2^n 个不同的组合状态,就有 2^n 个输出端供其使用。而每一个输出所代表的函数对应于 n 个输入变量的最小项(例如 74LS138、74LS139 等)。

代码变换译码器:能将一种码制变换成另一种码制。例如,将二进制码制码转换为循环码;将四位二进制数表示的二-十进制转换为十进制数等。

数码显示译码器:用来驱动各种显示器件,它可以将数符或字符的二进制码信息"还原"成相应的数符或字符。常用的有 74LS47、74LS48、74LS247、74LS248 等。

2. 编码器

编码与译码的过程刚好相反,通过编码器可将一个有效输入信号译成一组二进制代码。

优先编码器允许同时在几个输入端有输入信号,编码器按输入信号排定的优先的顺序只对同时输入的几个信号中优先权最高的一个进行编码。例如 74LS148,它是一个 8 线-3 线优先编码器,输入和输出都是低电平有效。

三、实验步骤

1. 熟悉数码显示器

将任意一只显示译码/驱动器的输入 D、C、B、A 分别和逻辑电平开关连接,如图 5-2-1 所示。数码显示管的调用方法是:在组中选择 Indicators ,然后单击 HEX_DISPLAY ,选择列表中的 DCD_HEX 即可调用出四输入数码显示管。双击开关设置标签分别为 $DCBA$,方便在调解时辨认。按表 5-2-1 要求,拨动逻辑电平开关,记录数码显示器显示的字型。

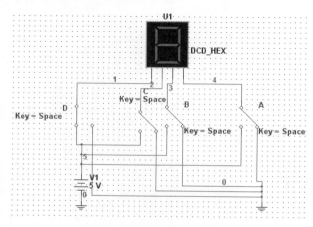

图 5-2-1　Multisim 电路创建图

表 5-2-1　数码显示器字型表

输　入				输 出 字 型	输　入				输 出 字 型
D	C	B	A		D	C	B	A	
0	0	0	0		1	0	0	0	
0	0	0	1		1	0	0	1	
0	0	1	0		1	0	1	0	
0	0	1	1		1	0	1	1	
0	1	0	0		1	1	0	0	
0	1	0	1		1	1	0	1	
0	1	1	0		1	1	1	0	
0	1	1	1		1	1	1	1	

2. 码制变换译码器

图 5-2-2 是一个码制变换译码器,它可以把一个四位二进制码 $B3B2B1B0$ 输入变成一个四位循环码 $G3G2G1G0$,这里需要调用 86 异或门,在 Multisim 中创建的电路如图 5-2-3

所示,标签编号分别为 $B3$、$B2$、$B1$、$B0$,以免在拨动逻辑电平开关时乱码,在调用异或门时,可以选择简易结构以方便接线,系列中 [74LS] 是简易结构图,有下标的 [74LS_IC] 是带引脚的结构图,这里选择简易图。按表 5-2-2 要求,记录指示灯变化状态。

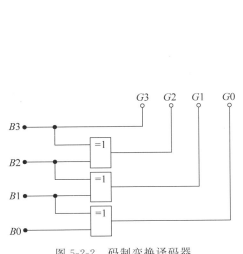

图 5-2-2 码制变换译码器

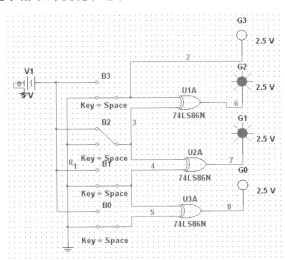

图 5-2-3 Multisim 电路创建图

表 5-2-2 四位二进制码制转换为四位循环码的真值表

输入	输出	输入	输出	输入	输出	输入	输出
D C B A	G3 G2 G1 G0	D C B A	G3 G2 G1 G0	D C B A	G3 G2 G1 G0	D C B A	G3 G2 G1 G0
0 0 0 0		0 1 0 0		1 0 0 0		1 1 0 0	
0 0 0 1		0 1 0 1		1 0 0 1		1 1 0 1	
0 0 1 0		0 1 1 0		1 0 1 0		1 1 1 0	
0 0 1 1		0 1 1 1		1 0 1 1		1 1 1 1	

3. 熟悉 74LS138 变量译码器

(1) 在图 5-2-4 中,74LS138 是一种 3 线-8 线译码器,3 个输入端 CBA 共有 8 种组合(000~111),可译出 8 个输出信号 Y0~Y7。这种译码器设有 3 个使能端,当 $G1=1$,$\overline{G2A}=\overline{G2B}=0$ 时,译码器处与工作状态,输出低电平;否则处于禁止状态时,输出高电平。

用实验手段验证 74LS138 逻辑功能。$G1$ 接 V_{CC},$\overline{G2A}$、$\overline{G2B}$ 接地,C、B、A 接逻辑电平开关,Y0~Y7 分别接发光二极管。根据地址 C、B、A 的变化情况,观察发光二极管亮暗状态。在 Multisim 中创建起来的电路如图 5-2-5 所示,74LS138 的调用步骤是:[TTL] ▼ [74LS_IC] ___74LS138D。

(2) 用 74LS138 实现组合逻辑电路。

图 5-2-6 是用 74LS138 实现组合逻辑电路。$G1$ 接 V_{CC},G2A、G2B 接地,C、B、A 接逻辑电平开关,CI、S 分别接发光二极管。根据地址 C、B、A 变化情况,观察输出端 CI、S 的发光二极管亮暗变化状态,填写表 5-2-3。根据表 5-2-3,试分析这是什么组合逻辑电路。Multisim 中创建好的电路如图 5-2-7 所示,在创建时,需要调用 4 输入与非门 74LS20,这里为了连线方便选择简略图,即在系列中选择无下标系列。

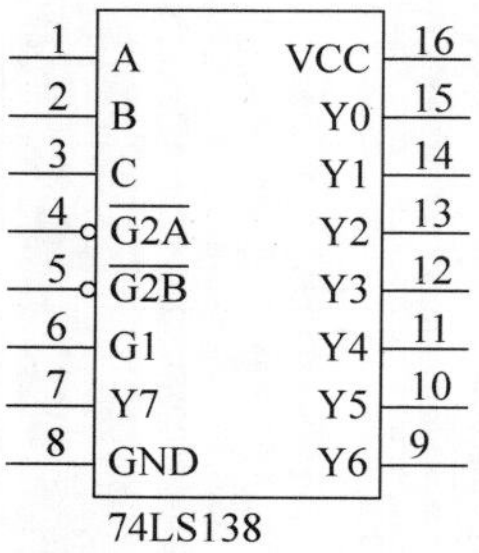

使能输入		地址输入			输出							
G1	$\overline{G2A}+\overline{G2B}$	C	B	A	Y0	Y1	Y2	Y3	Y4	Y5	Y6	Y7
×	1	×	×	×	1	1	1	1	1	1	1	1
0	×	×	×	×	1	1	1	1	1	1	1	1
1	0	0	0	0	0	1	1	1	1	1	1	1
1	0	0	0	1	1	0	1	1	1	1	1	1
1	0	0	1	0	1	1	0	1	1	1	1	1
1	0	0	1	1	1	1	1	0	1	1	1	1
1	0	1	0	0	1	1	1	1	0	1	1	1
1	0	1	0	1	1	1	1	1	1	0	1	1
1	0	1	1	0	1	1	1	1	1	1	0	1
1	0	1	1	1	1	1	1	1	1	1	1	0

图 5-2-4　74LS138 的引脚图和真值表

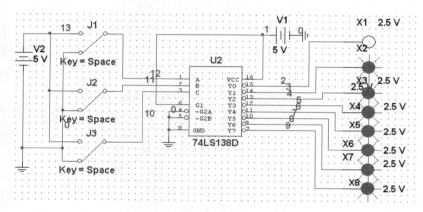

图 5-2-5　Multisim 电路创建图

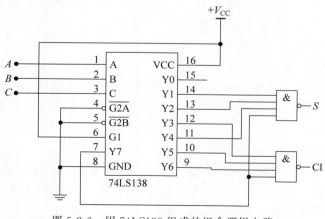

图 5-2-6　用 74LS138 组成的组合逻辑电路

表 5-2-3　图 5-2-6 测试结果

C	B	A	CI	S
0	0	0		
0	0	1		
0	1	0		
0	1	1		
1	0	0		
1	0	1		
1	1	0		
1	1	1		

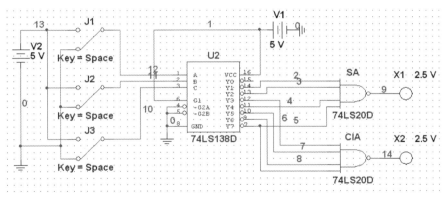

图 5-2-7　Multisim 电路创建图

四、思考题

1. 当 $\overline{G2A} = \overline{G2B} = 0$，并且 $G1 = 0$ 时，译码器 74LS138 处于什么状态？当 $\overline{G2A} = \overline{G2B} = 0$，并且 $G1 = 1$ 时，译码器 74LS138 又处于什么状态？74LS138 输出高电平有效还是低电平有效？

2. 用两片 74LS138 设计一个 4 线-16 线译码器，请画出原理图。

实验三

数据选择器及其应用

一、实验目的

1. 掌握中规模集成电路数据选择器的工作原理与逻辑功能。
2. 熟悉数据选择器的应用。

二、工作原理

数据选择器又称多路开关。这是一种组合逻辑电路,其主要功能是从来自不同地址的多路数据信息中任意选出所需要的一路信息作为输出,所以其等效的物理模型相当于一个单刀多掷开关。但是,它所控制和传递的是数字量,而不是模拟量,这是它与多路模拟开关的根本区别。无论是 TTL 还是 CMOS 集成电路都有系列化的多路选择器产品,如十六选一、八选一、双四选一以及二选一多路选择器等。尽管其具体线路区别很大,但组成原理大同小异。数据选择器除了可以从 m 个数据源中选出相应的一个数据送到输出端以外,还可实现多通道数据传输、数码比较器、并行码变为串行码以及任意组合逻辑函数等具体应用电路。

图 5-3-1 给出了 74LS151 八选一数据选择器的引脚图以及真值表。图中 $D0 \sim D7$ 是 8 个数据输入端,G' 是选通输入端(又称使能端),CBA 是 3 个地址码选择输入端,Y 是同相输出端,W 是反向输出端。$\times$ 表示随意态。$G'=1$ 时,禁止工作,Y 端输出始终为 0,W 端输出始终为 1;$G'=0$ 时,数据选择器正常工作。

图 5-3-2 给出了 74LS153 双四选一数据选择器的引脚图及其真值表。

地址选择			选通	输出	
C	B	A	G'	Y	W
×	×	×	1	0	1
0	0	0	0	D0	D0′
0	0	1	0	D1	D1′
0	1	0	0	D2	D2′
0	1	1	0	D3	D3′
1	0	0	0	D4	D4′
1	0	1	0	D5	D5′
1	1	0	0	D6	D6′
1	1	1	0	D7	D7′

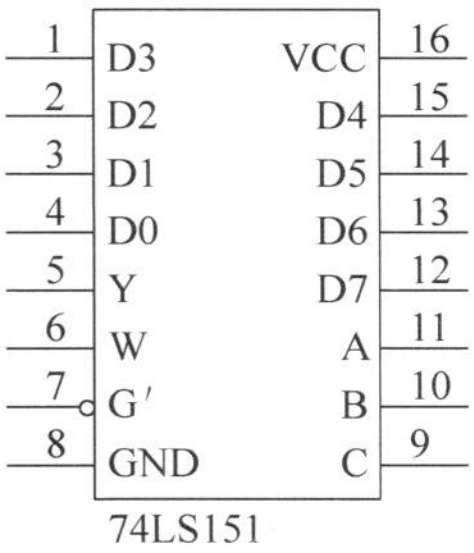

图 5-3-1　八选一数据选择器的引脚图和真值表

地址选择		数据输入				选通	输出
B	A	$C0$	$C1$	$C2$	$C3$	G'	Y
×	×	×	×	×	×	1	0
0	0	0	×	×	×	0	0
0	0	1	×	×	×	0	1
0	1	×	0	×	×	0	0
0	1	×	1	×	×	0	1
1	0	×	×	0	×	0	0
1	0	×	×	1	×	0	1
1	1	×	×	×	0	0	0
1	1	×	×	×	1	0	1

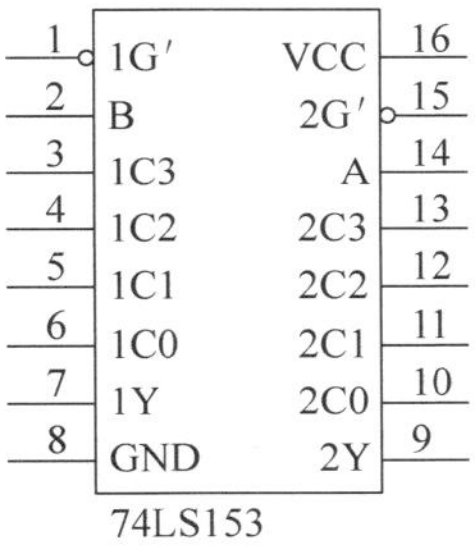

图 5-3-2　双四选一数据选择器的引脚图和真值表

三、实验步骤

1. 数据选择器输入端的扩展

用上述器件将双四选一数据选择器扩展成一个八选一数据选择器(用两种方法,要求画出其逻辑图)。

这里给出一种方法,请读者设计其他方法。需要用到的元件有 74LS153、74LS04 反相器、74LS32 二输入或门。在 Multisim 中创建的电路如图 5-3-3 所示,其中 J3、J2、J1 分别是 C、B、A 三个输入端,1C0~2C3 分别是 D0~D7 的值,闭合电源开关,通过改变三个输入电平开关的取值,观察输出端指示灯的亮暗情况,记录在表 5-3-1 中。

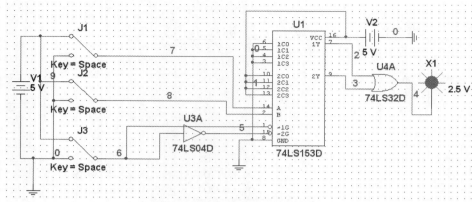

图 5-3-3　Multisim 电路创建图

表 5-3-1　四选一扩展成八选一的真值表

数 据 输 入								地 址 选 择			输　出
$D7$	$D6$	$D5$	$D4$	$D3$	$D2$	$D1$	$D0$	C	B	A	Y
								0	0	0	
								0	0	1	
								0	1	0	
								0	1	1	
1	1	1	1	0	0	0	0	1	0	0	
								1	0	1	
								1	1	0	
								1	1	1	

2. 用 74LS153 双四选一数据选择器实现全减器

图 5-3-4 是用数据选择器实验全减器的原理图,其中 6、5、4 三个编号分别是输入端 A、B、C。图中 A 表示被减数,B 表示减数,C 表示低位的借位,$Y1$ 表示差,$Y2$ 表示本位的借位。按表 5-3-2 要求,调节逻辑电平开关,观察输出指示灯的情况,将结果记录在表 5-3-2 中,验证图 5-3-4 所示的数据选择器实现的全减器。

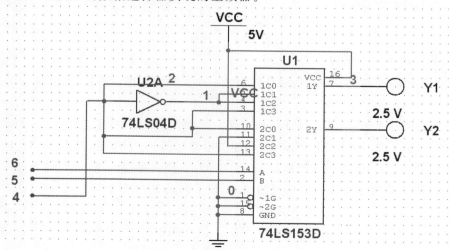

图 5-3-4　用数据选择器实验全减器

表 5-3-2 全减器真值表

C	B	A	$Y1$	$Y2$
0	0	0		
0	0	1		
0	1	0		
0	1	1		
1	0	0		
1	0	1		
1	1	0		
1	1	1		

3. 用 74LS151 组成奇校验电路

图 5-3-5 是用 74LS151 八选一数据选择器组成的奇校验电路。输入端 A、B、C、D 接逻辑电平开关,输出端 Z 接发光二极管,在 Multisim 中接好的电路如图 5-3-6 所示。闭合电路工作开关,改变输入端 A、B、C、D 的状态,观察输出端 Z 的亮暗变化情况,填写表 5-3-3。

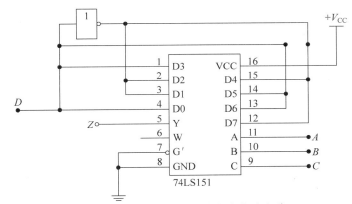

图 5-3-5 用 74LS151 组成的奇校验电路

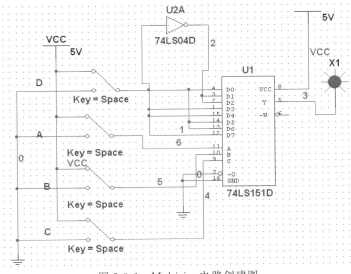

图 5-3-6 Multisim 电路创建图

表 5-3-3　奇校验电路真值表

输入	输出	输入	输出	输入	输出	输入	输出
D C B A	Z	D C B A	Z	D C B A	Z	D C B A	Z
0 0 0 0		0 1 0 0		1 0 0 0		1 1 0 0	
0 0 0 1		0 1 0 1		1 0 0 1		1 1 0 1	
0 0 1 0		0 1 1 0		1 0 1 0		1 1 1 0	
0 0 1 1		0 1 1 1		1 0 1 1		1 1 1 1	

四、思考题

1. 画出实验原理图，分析记录实验结果，画出波形图。
2. 用 74LS153 设计一个全加器逻辑电路。
3. 用 74LS151 设计一个四位偶校验逻辑电路。

实验四

组合逻辑电路的设计

一、实验目的

1. 掌握组合逻辑电路的设计方法。
2. 熟悉小规模、中规模集成电路器件的使用,学会查阅手册。
3. 验证所设计电路的逻辑功能。

二、实验原理

组合逻辑电路的特点是任何时刻的输出信号(状态)仅取决于读时刻的输入信号(状态),而与电路原来的状态无关。

组合逻辑电路的设计,根据所用器件的不同,有着不同的设计方法,一般的设计方法有:

(1) 使用小规模集成电路器件。

(2) 使用中规模集成电路器件实现其他组合逻辑功能。

1. 用小规模集成电路实现给定逻辑电路的设计步骤

第一步,根据设计要求,按逻辑功能列出真值表,并填入卡诺图。

第二步,利用卡诺图或公式法求出最简逻辑表达式,有时要根据所给定的逻辑门或其他实际要求进行逻辑交换,得到所需形式的逻辑表达式。

第三步,有逻辑表达式画出逻辑图。

第四步,用逻辑门或组件构成实际电路,然后进行功能测试。

如果各步骤均正确,则测试结果一般能符合设计要求,即完成了设计。

以上所述是假设在理想情况下进行的,即器件没有传输延迟以及电路中的各个输入信号发生变化时,都是在同一瞬间完成。但是实际并非如此,因为在实际电路中,当输入信号发生变化时,在输出端有可能出现不应有的尖峰信号(毛刺),这种现象称为冒险。这是必须注意的问题。另外,设计中逻辑变换也是一个重要的问题。

2. 用中规模集成电路器件实现组合逻辑电路设计

这种设计方法与用小规模设计组合逻辑电路方法不同,采用中规模集成电路的设计没有固定的模式,主要取决于设计者对集成电路器件的熟悉程度和灵活应用的能力。

对器件各有关输入端和控制端的巧妙使用,有助于充分发挥器件的功能,从而通过选用最少集成电路的种类和集成电路数量,获得符合技术指标的最佳设计要求。

中规模集成电路器件一般说来是一种具有专门功能的功能块,常用的有译码器、数据选择器、数值比较器、全加器。借助器件手册所提供的资料能正确地使用这些器件。

三、组合逻辑电路设计举例

设计一个对两个无符号两位二进制数进行比较的电路,假设一个数为 $A = A1A0$,另一个数为 $B = B1B0$,输出分别为 $F2$、$F1$、$F0$。

当 $A > B$ 时,$F0 = 1$,其他为 0;

当 $A < B$ 时,$F1 = 1$,其他为 0;

当 $A = B$ 时,$F2 = 1$,其他为 0。

设计步骤如下:

1. 根据题意列出如下真值表,再填入相应的卡诺图。

输	入			输	出		输	入			输	出	
$A1$	$A0$	$B1$	$B0$	$F2$	$F1$	$F0$	$A1$	$A2$	$B1$	$B2$	$F2$	$F1$	$F0$
0	0	0	0	1	0	0	1	0	0	0	0	0	1
0	0	0	1	0	1	0	1	0	0	1	0	0	1
0	0	1	0	0	1	0	1	0	1	0	1	0	0
0	0	1	1	0	1	0	1	0	1	1	0	1	0
0	1	0	0	0	0	1	1	1	0	0	0	0	1
0	1	0	1	1	0	0	1	1	0	1	0	0	1
0	1	1	0	0	1	0	1	1	1	0	0	0	1
0	1	1	1	0	1	0	1	1	1	1	1	0	0

$F2$ 的卡诺图

$A1A0$ ＼ $B1B0$	00	01	11	10
00	1			
01		1		
11			1	
10				1

$F1$ 的卡诺图

$A1A0$ ＼ $B1B0$	00	01	11	10
00		1	1	1
01			1	1
11				
10				1

$F0$ 的卡诺图

$A1A0$ ＼ $B1B0$	00	01	11	10
00				
01	1			
11	1	1		1
10	1	1		

2.利用卡诺图或公式法求出最简逻辑表达式。

$$F2 = \overline{A1}A0\overline{B1}B0 + \overline{A1}A0B1\overline{B0} + A1A0B1B0 + A1\overline{A0}B1\overline{B0}$$
$$= (\overline{A0}B0 + A0\overline{B0})(\overline{A1}B1 + A1B1)$$
$$F1 = A1B1 + \overline{A1}A0\overline{B0} + \overline{A0}B1B0$$
$$F0 = A1\overline{B1} + A0\overline{B1}B0 + A1A0\overline{B0}$$

3.由逻辑表达式画出逻辑原理图(略)。

4.实验验证所设计的电路。

四、实验内容

1.试用两个 3 线-8 线译码器和与非门实现下列函数：

$$F = ABCD + ABD + ACD$$

按照步骤,在 Multisim 中最后创建成的电路图如图 5-4-1 所示。需要用到的器件包括 74LS04、74LS138、74LS20。其中,J1、J2、J3、J4 分别是输入端 A、B、C、D,X1 为输出 F,闭合电路工作开关,变化输入端 A、B、C、D 状态,观察输出端 Y 的亮暗变化情况,记录下来,写在真值表中。

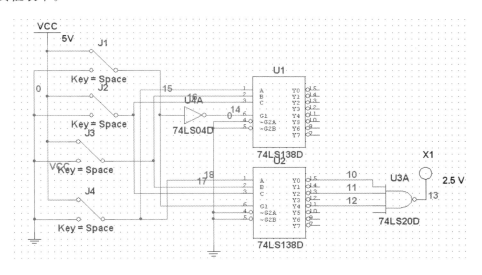

图 5-4-1　Multisim 电路创建图

2.试用八选一数据选择器实现下列函数。

$$F = AB + BC + AC$$

按照步骤,在 Multisim 中最后创建成的电路图如图 5-4-2 所示。需要用到的器件为 74LS153。在创建过程中,应尤其注意各个引脚与输入之间的对应关系。闭合电路工作开关,变化输入端 A、B、C、D 状态,观察输出端 Y 的亮暗变化情况,记录下来,写在真值表中。

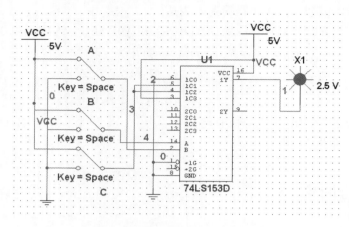

图 5-4-2　Multisim 电路创建图

五、思考题

1. 总结组合逻辑电路的设计与分析步骤。

2. 实验过程中的故障是如何解决的并分析其原因。

3. 现有四台设备,由两台发电机组供电,每台设备用电均为 10 千瓦。若 X 发电机组功率为 10kW,Y 发电机组功率为 20kW。四台设备工作的情况为:四台设备不能同时工作。但可能是任意的三台、两台同时工作,或者有任意的一台进行工作,当四台都不工作时,X、Y 发电机组均不供电。请设计一个供电控制电路,使发电机组既能满足负载要求(即考虑安全为前提),又能达到尽量节省能源的目的。

实验五

集成触发器及其应用

一、实验目的

1. 熟悉基本 RS 触发器、D 触发器和 JK 触发器的逻辑功能和特点,掌握测试方法。
2. 熟悉异步输入信号 $\overline{Rd}$、$\overline{Sd}$ 的作用,学会测试方法。
3. 掌握触发器的简单应用。

二、实验内容

1. 触发器的异步输入信号 $\overline{Rd}$、$\overline{Sd}$ 的作用;
2. D 触发器的逻辑功能测试;
3. JK 触发器的逻辑功能测试;
4. 触发器的简单应用。

三、实验步骤

1. 掌握 D 触发器的基本应用

(1) D 触发器逻辑异步输入复位端 $\overline{Rd}$、置位端 $\overline{Sd}$ 的功能测试。

图 5-5-1(a)是一个带异步输入端的 D 触发器,它是集成电路器件 74LS74 中的一个。

图 5-5-1(b)中 $\overline{CLR}$ 相当于图 5-1-1(a)中的 $\overline{Rd}$,称为异步复位端;$\overline{PRE}$ 相当于图 5-5-1(a)中的 $\overline{Sd}$ 称为异步置位端;CLK 相当于图 5-5-1(a)中的 CP 称为时钟输入端。D 称为数据输入端,Q 和 $\overline{Q}$ 称为输出端。

在库中调用出芯片 74LS74,实际引脚图如图 5-5-2 所示,它含有两个部分,这里只用标号 1 的部分,将 D 触发器的异步输入端 $\overline{PRE}$ 和 $\overline{CLR}$ 接逻辑电平开关,D 和 CLK 可以设置为任意状态,这里全部设为高电平,Q 接发光二极管,接好的电路图如图 5-5-3 所示。拨动逻辑电平开关,记录发光二极管亮暗变化状态,完成表 5-5-1。需要注意的是,一定要注意逻辑电平开关的闭合和断开次序!

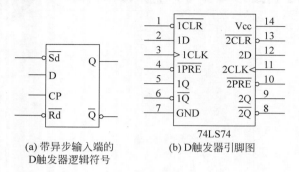

(a) 带异步输入端的
D触发器逻辑符号

(b) D触发器引脚图

图 5-5-1   D 触发器

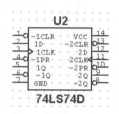

图 5-5-2   74LS74D 引脚图

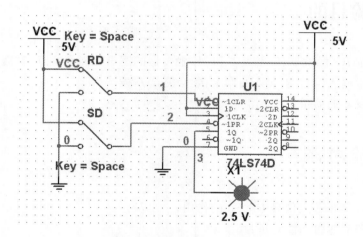

图 5-5-3   Multisim 电路创建图

表 5-5-1   异步复位、置位端的功能

Sd	Rd	Q	$\overline{Q}$
1	1		
1→0	1		
0→1			
1	1→0		
	0→1		
0	0		
1	1		

　　根据实验结果可以得出结论:触发器的 1 状态,优先取决于_____端;触发器的 0 状态,优先取决于_____端。

（2）D 触发器逻辑功能测试。

按照上述创建方法，将 D 触发器的异步输入端 $\overline{Rd}$、$\overline{Sd}$ 接高电平 H，D 输入端接逻辑电平开关，时钟输入端 CP 接单次脉冲按钮。由于 Multisim 中没有单独的单脉冲信号按钮，这里创建一个单脉冲按钮如图 5-5-4 所示，这样单脉冲信号就可以通过开关的闭合切换来实现。Q 和 $\overline{Q}$ 接发光二极管。根据 D 输入端的设置情况，按动单次按钮，记录 D 触发器 Q 端发光二极管亮暗变化情况，填写表 5-5-2。创建好的电路图如图 5-5-5 所示。

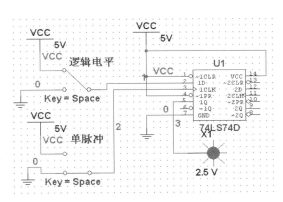

图 5-5-4　单脉冲　　　　　图 5-5-5　Multisim 电路创建图

表 5-5-2　D 触发器逻辑功能表

D	CP	$Qn+1$	
		$Qn=0$	$Qn=1$
0	0→1		
	1→0		
1	0→1		
	1→0		

① 打开电路工作开关。

② 连接 $\overline{Sd}$ 的逻辑电平开关接高电平，连接 $\overline{Rd}$ 的逻辑电平开关拨向低电平 L，使 D 触发器的 Q 端输出为 0。

③ 连接 $\overline{Sd}$ 的逻辑电平开关保持不变，连接 $\overline{Rd}$ 的逻辑电平开关拨向高电平 H。

④ 接 D 输入端的逻辑电平开关拨向低电平 L。

⑤ 按下单次脉冲按钮，记录 D 触发器 Q 端的发光二极管亮暗变化情况。

⑥ 松开单次脉冲按钮，记录 D 触发器 Q 端的发光二极管亮暗变化情况。

⑦ 接 D 输入端的逻辑电平开关拨向高电平 H。

⑧ 按下单次脉冲按钮，记录 D 触发器 Q 端的发光二极管亮暗变化情况。

⑨ 松开单次脉冲按钮，记录 D 触发器 Q 端的发光二极管亮暗变化情况。

⑩ 连接 $\overline{Rd}$ 的逻辑电平开关保持不变，连接 $\overline{Sd}$ 的逻辑电平开关拨向低电平 L，使 D 触发器 Q 端输出为 1。

⑪ 连接 $\overline{\text{Rd}}$ 的逻辑电平开关保持不变,连接 $\overline{\text{Sd}}$ 的逻辑电平开关拨向高电平 H。

仿照实验步骤④～⑨完成表 5-5-2 的右边部分。

(3) D 触发器的输出与时钟 CP 的关系测试。

将 74LS74 器件中的一只 D 触发器按图 5-5-6 连接,D 触发器的 $\overline{\text{Rd}}$、$\overline{\text{Sd}}$ 接电源＋5V,输出 Q 端接 D 端,时钟端 CP 接 1kHz 的脉冲信号。示波器的两个探头分别接 D 触发器的时钟端 CP 和输出端 Q,观察它们的波形,画出波形图。CP 端接函数信号发生器,信号输出按图 5-5-7 设置。创建好的电路如图 5-5-8 所示。

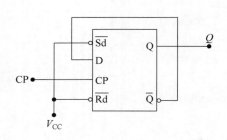

图 5-5-6　用 D 触发器组成的计数器

图 5-5-7　函数信号发生器

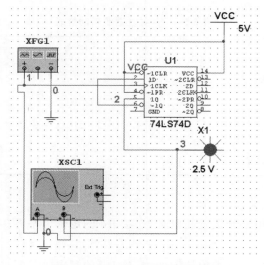

图 5-5-8　Multisim 电路创建图

2. 边沿 JK 触发器功能测试

图 5-5-9(b)是集成电路器件 74LS112 的引脚图,图 5-5-9(a)是 JK 触发器的逻辑符号。74LS112 是一个双 JK 触发器的集成电路器件。引脚的说明和 D 触发器的说明基本一样。将集成电路器件的异步复位、置位端 $\overline{\text{Rd}}$、$\overline{\text{Sd}}$ 接逻辑电平开关接高电平 H,数据输入端 J、K 接逻辑电平开关,Q 端接发光二极管,CP 接单次脉冲按钮。按表 5-5-3 要求,每改变一次 J、K 输入状态,按一下 CP 单次脉冲按钮,观察 Q 端发光二极管亮暗的变化状态,完成表 5-5-3。在 Multisim 中创建好的电路如图 5-5-10 所示。

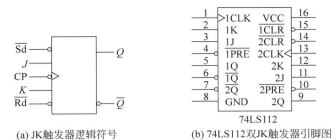

| (a) JK触发器逻辑符号 | (b) 74LS112双JK触发器引脚图 |

图 5-5-9　JK 触发器

表 5-5-3　JK 触发器逻辑功能表

J	K	CP	$Qn+1$	
			$Qn=0$	$Qn=1$
0	0	$0 \rightarrow 1$		
		$1 \rightarrow 0$		
0	1	$0 \rightarrow 1$		
		$1 \rightarrow 0$		
1	0	$0 \rightarrow 1$		
		$1 \rightarrow 0$		
1	1	$0 \rightarrow 1$		
		$1 \rightarrow 0$		

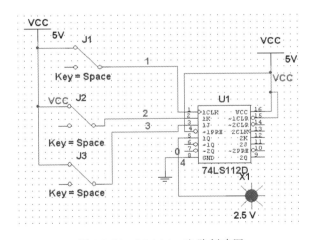

图 5-5-10　Multisim 电路创建图

注意:

$Q=0$ 状态实现方法:

(1) 打开 $+5\mathrm{V}$ 电源开关。

(2) 连接 $\overline{\mathrm{Sd}}$ 的逻辑电平开关接高电平,连接 $\overline{\mathrm{Rd}}$ 的逻辑电平开关拨向低电平 L,使 Q 端输出为 0。

(3) 连接 $\overline{\mathrm{Sd}}$ 的逻辑电平开关保持不变,连接 $\overline{\mathrm{Rd}}$ 的逻辑电平开关拨向高电平 H。

$Q=1$ 状态实现方法：

（1）打开+5V 电源开关。

（2）连接 $\overline{\text{Rd}}$ 的逻辑电平开关接高电平，连接 $\overline{\text{Sd}}$ 的逻辑电平开关拨向低电平 L，使 Q 端输出为 1。

（3）连接 $\overline{\text{Rd}}$ 的逻辑电平开关保持不变，$\overline{\text{Sd}}$ 的逻辑电平开关由低电平 L 拨向高电平 H。

3．触发器的简单应用

用 D 触发器和 JK 触发器构成异步四进制加法计数器。

图 5-5-11 是用 D 触发器和 JK 触发器构成异步四进制加法计数器，$\overline{\text{Rd}}$、$\overline{\text{Sd}}$ 是异步复位、置位端，$Q1$、$Q2$ 分别是 D 触发器和 JK 触发器的输出，CP 是时钟脉冲的输入端。对应 Multisim 中的创建电路如图 5-5-12 所示。

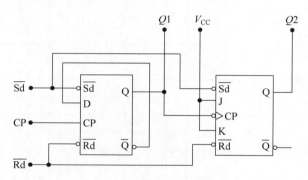

图 5-5-11　异步四进制加法计数器

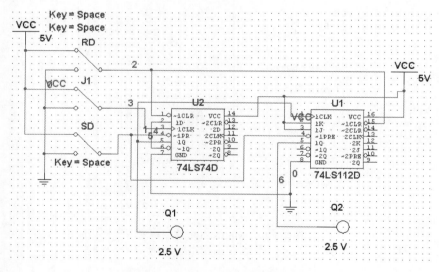

图 5-5-12　Multisim 电路创建图

（1）$\overline{\text{Rd}}$、$\overline{\text{Sd}}$ 接逻辑电平开关，CP 接单脉冲按钮，$Q1$、$Q2$ 分别接发光二极管。

（2）打开电源开关，连接 $\overline{\text{Sd}}$ 的逻辑电平开关接高电平，连接 $\overline{\text{Rd}}$ 的逻辑电平开关拨向低电平 L，使触发器输出 $Q1$、$Q2$ 端为 0。

（3）连接 $\overline{\text{Sd}}$ 的逻辑电平开关保持不变，连接 $\overline{\text{Rd}}$ 的逻辑电平开关拨向高电平 H。

（4）每按一次单脉冲按钮，观察 $Q1$、$Q2$ 发光二极管的状态，完成表 5-5-4。

表 5-5-4　异步四进制加法计数器真值表

CP	$Q1$	$Q2$
0		
1		
2		
3		
4		

（5）根据表 5-5-4 完成图 5-5-13 时间波形图。

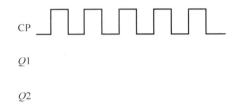

图 5-5-13　异步四进制加法计数器时间波形图

四、思考题

1. 画出实验原理图，按表格要求整理实验数据，分析实验结果。

2. 由或非门构成的 RS 触发器，输入信号低电平有效还是高电平有效？

3. 把图 5-5-11 第二级触发器的时钟输入端改成第一级 Q 输出，其余不变。试画出在五个时钟脉冲 CP 作用下，输出端 $Q1$、$Q2$ 的波形。

实验六

集成计数器及其应用

一、实验目的

1. 掌握用中规模集成计数器构成任意进制计数器的方法。
2. 掌握用中规模集成计数器的级联方法。

二、实验内容

1. 利用清除端复位法实现任意进制计数器。
2. 利用置入控制端的置位法实现任意进制计数器。
3. 计数器的级联。

三、实验步骤

集成计数器器件是应用较广泛的器件之一,它有很多种型号,各自完成不同的功能。例如74LS90(二-五十进制计数器)、74LS160(十进制计数器),74LS161(4 位二进制同步计数器),74LS190(十进制同步加/减计数器),74LS191(4 位二进制同步加/减计数器)等,使用时可根据不同的需要选用。

1. 74LS161(4 位二进制同步计数器)。

图 5-6-1 是 74LS161 的引脚图和功能表。74LS161 的清除是异步的。当清除端($\overline{\text{CLR}}$)为低电平时,不管时钟端(CLK)状态如何,都可完成清除功能。

引脚						引脚
1	$\overline{\text{CLR}}$				VCC	16
2	>CLK				RCO	15
3	A				QA	14
4	B				QB	13
5	C				QC	12
6	D				QD	11
7	ENP				ENT	10
8	GND				$\overline{\text{LOAD}}$	9

74LS161

输入					输出
CLK	$\overline{\text{LOAD}}$	$\overline{\text{CLR}}$	ENP	ENT	Q
×	×	0	×	×	全0
↑	0	1	×	×	预置数
↑	1	1	1	1	计数
×	1	1	0	×	保持
×	1	1	×	0	保持

图 5-6-1 74LS161 的引脚图和真值表

74LS161 预置数是同步的。当置入控制端($\overline{\text{LOAD}}$)为低电平时在 CLK 上升沿的作用下,输出端(QD~QA)与数据输入端($D \sim A$)相一致。

74LS161 计数是同步的。靠 CP 同时加在 4 个触发器上实现。当 $\overline{\text{CLR}}$、ENP 和 ENT 均为高电平时,在 CP 上升沿的作用下 QD~QA 同时变化。

74LS161 有超前进位功能。引脚图中 RCO 是进位信号,平时处于低电平,当 QD、QC、QB、QA 计到 1、1、1、1 状态时,RCO 输出高电平,再来一个计数脉冲时输出低电平。

(1)利用清除端复位法实现任意进制计数器。

当中规模 N 进制计数器从 $S0$ 状态开始计数时,计数脉冲输入 N 个脉冲后,N 进制计数器处于 SN 状态。利用 SN 状态产生一个清除信号,加到清除端,使计数器返回到 $S0$ 状态,从而实现 N 进制计数器。

① 图 5-6-2 是用此方法实现 N 进制计数器原理图。按步骤 TTL → 74LS → 74LS161D 调用出 74LS161 芯片,按步骤 TTL → 74LS → 74LS00D 调用出 74LS00 与非门芯片,照图样连接。为了能进行正常计数,$\overline{\text{LOAD}}$、ENP、ENT 均接高电平 1;数据输入端 D、C、B、A 可以悬空;QB、QC、QB、QA 接发光二极管。在 Multisim 中创建好的电路如图 5-6-3 所示,其中 CP 按创建的逻辑电平开关当作单脉冲按钮,开关闭合断开一次代表按脉冲按钮一次。用实验方法验证该电路是几进制的计数器,根据实验结果完成表 5-6-1。

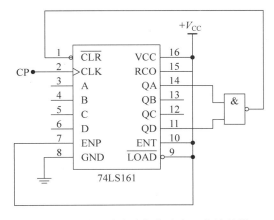

图 5-6-2 利用清除端复位法实现的计数器

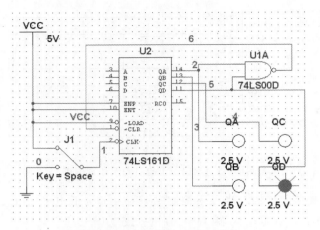

图 5-6-3　Multisim 电路创建图

表 5-6-1　计数器真值表

CP	输　　出			
	QD	QC	QB	QA
0				
1				
2				
3				
4				
5				
6				
7				
8				
9				

② 仿照上述方法设计一个十进制计数器,并用实验方法验证。

(2)利用置入控制端的置位法。

利用中规模器件的置入控制端,置入某一个固定的二进制数,实现 N 进制计数器。

① 图 5-6-4 是利用置入控制端的置位法实现的计数器,CP 接单脉冲(这里用逻辑电平开关代替),QB、QC、QB、QA 接发光二极管,按步骤 TTL →74LS →74LS20D 实现。为了能进行正常计数,观察在 CP 脉冲作用下,开关闭合断开一次,计数加 1,输出 QD~QA 的状态,完成表 5-6-2,并说明是几进制计数器。

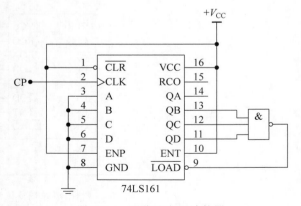

图 5-6-4　置位法实现计数器

表 5-6-2　计数器真值表

CP	输　出			
	QD	QC	QB	QA
0				
1				
2				
3				
4				
5				
6				
7				
8				
9				
10				
11				
12				
13				
14				
15				

② 在 Multisim 右端调用出双踪示波器▦,按图 5-6-5 计数器接好线路,在连续时钟脉冲作用下,CP 接函数信号发生器,输入 1kHz 的方波,用示波器输出端观察 QD、QC、QB、QA 的波形,画出波形图,并列出其计数真值表及说明是几进制计数器。

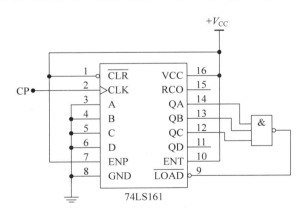

图 5-6-5　利用置入控制端的置位法实现的计数器

2. 74LS160(十进制计数器)的级联应用。

图 5-6-6 是 74LS160(十进制计数器)的引脚图和功能表,引脚功能同 74LS161 完全一样,详细说明见 74LS161 引脚说明。

图 5-6-7 是用两片 74LS160 组成的两位十进制计数器,输出同时接发光二极管和数码管。数码管按步骤 ▦ Indicators ▾ → ▦ HEX_DISPLAY → DCD_HEX 调用,且需要两个数码管,CP 接频率约 200Hz 连续脉冲输出以便观察,$\overline{CLR}$、$\overline{LOAD}$、接高电平。观察在 CP 脉冲作用下,数

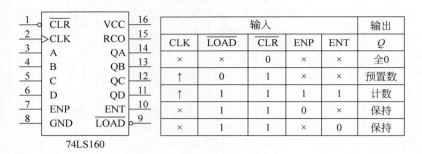

图 5-6-6   74LS160（十进制计数器）的引脚图和功能表

码管显示的字符于发光二极管亮暗变化的关系，按表 5-6-3 要求完成表格。在 Multisim 中创建好的电路如图 5-6-8 所示。

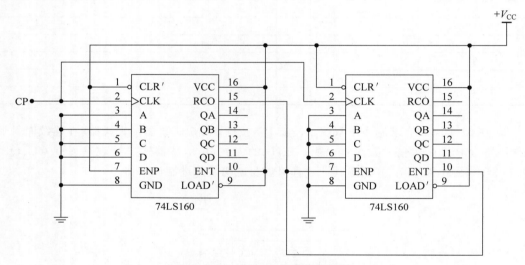

图 5-6-7   74LS160 组成的计数器

表 5-6-3   数码管与发光二极管亮暗关系

数　码　管	发光二极管	数　码　管	发光二极管	数　码　管	发光二极管	数　码　管	发光二极管
00		10		60		80	
01		19		67		88	
05		20		70		90	
08		40		77		98	
09		55		79		99	

3. 分别用两片 74LS160 或 74LS161 设计一个六十进制计数器。

4. 分别用两片 74LS160 或 74LS161 设计一个数字钟的二十四进制计数器。

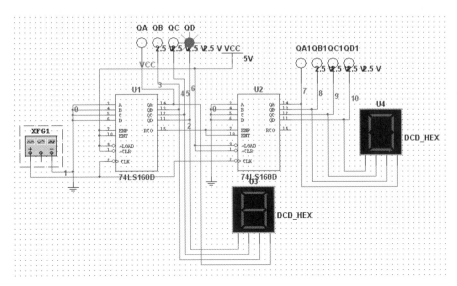

图 5-6-8 Multisim 电路创建图

四、思考题

1. 根据实验结果整理数据表格并画出相应的波形图。
2. 总结用中规模集成计数器设计任意进制计数器的方法。
3. 试用两片 74LS160 集成计数器设计一个二十四进制计数器。

实验七

数字式秒表(综合设计)

一、简述

数字电路以其便捷、稳定、高效的优点在现代电子技术中占有越来越重要的地位。随着集成技术的进一步提高,各种数字电子新技术的出现和应用,新世纪里谁掌握了新技术,谁就得到了获胜的资本。

秒表分类众多,且应用广泛如机械秒表与机械手表相仿,但具有制动装置,可精确至百分之一秒;电子秒表用微型电池作能源,电子元件测量显示,可精确至千分之一秒,广泛应用于科学研究、体育运动及国防等方面。

二、设计任务和要求

设计一个田径比赛常用的能显示分和秒的秒表。

1. 能同时显示分和秒,计时最大范围为 59 分 59 秒。

2. 通过状态控制按钮可分别实现秒表的三种功能。刚开启电源时,分和秒显示 00。按一下状态按钮,实现秒表计数;再按一下,秒表停止计数;按第三下按钮,显示器清零,显示 00。

3. 要求每次开启电源时,显示器都显示 00。

三、设计方案提示

1. 功能部分

(1)计时电路。

计时电路的作用是计时。因为现实生活中分和秒都是六十进制,所以必须设计两个六十进制计数器。

（2）显示电路。

显示电路的作用是将计时值显示在数码管上。计时电路产生的计时值应通过 BCD-七段译码后，驱动 LED 数码管。这里可直接采用实验组件中的 LED 数码管。

（3）计时控制电路。

计时控制器的作用是控制计时。它由一个按钮开关来启动、暂停和清除计时器，计时控制器的功能比较复杂。简述如下：

- 为防止秒表误触发，按钮需经过单脉冲形成电路后控制秒表控制电路。
- 秒表有复零、计数和暂停三个功能，应设计一个三进制计数器，用三个状态分别控制三个功能。

2. 框图

数字秒表的框图如图 5-7-1 所示。

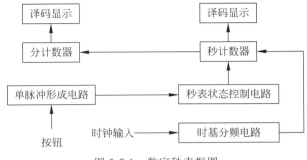

图 5-7-1 数字秒表框图

（1）分别调试秒计数器，然后连在一起调试。

（2）调试秒表控制电路（即一个三进制计数器）。

（3）调试单脉冲发生器，用它的输出接秒表控制电路。加入实验组件自带的连续脉冲信号，对数字式秒表进行整体调试。

四、实验报告要求

1. 根据结果，画出正确的完整电路图。
2. 总结数字式秒表整个调试过程。
3. 分析电路调试中发现的问题及故障排除方法。

实验八

四人抢答器(综合设计)

一、简述

抢答器是在知识竞赛、文体娱乐活动(抢答活动)中,能准确、公正、直观地判断出抢答者的机器。通过抢答者所处位置的指示灯显示、语音提醒、数字显示、图片显示、警示显示等手段筛选出抢答违规者或者第一抢答成功者,但是一般抢答器都只需要筛选出第一抢答成功或者第一抢答违规者。本节需要利用数字电子技术,设计一个四人抢答器。

二、设计任务和要求

设计一个四人抢答器,设计功能要求:

1. 主持人有开始键和复位键,按下开始键才能开始抢答,否则犯规。

2. 用数码管显示,正常抢答后,显示抢到的队号;如果有人犯规,则发出短暂的报警音。

3. 如果规定时间内没有抢答,则说明该题超时作废。

4. 复位键用于恢复犯规或超时状态。

三、设计方案提示

如图 5-8-1 所示为总体方框图。其工作原理为:接通电源后,主持人将开关拨到清零状态,抢答器处于禁止状态,编号显示器灭灯,定时器显示设定时间;主持人将开关置于"开始"状态,宣布"开始"抢答器的工作。定时器倒计时。选手在定时时间内抢答时,抢答器完成:优先判断、编号锁存、编号显示。当一轮抢答之后,定时器停止、禁止二次抢答、定时器显示剩余时间。如果再次抢答,必须由主持人再次操作"清除"和"开始"状态开关。

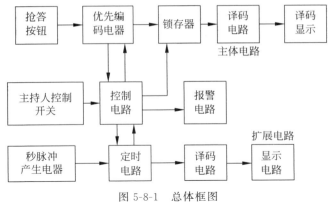

图 5-8-1　总体框图

该电路主要完成两个功能:

(1) 分辨出选手按键的先后,并锁存优先抢答者的编号,同时译码显示电路显示编号(显示电路采用七段数字数码显示管)。

(2) 禁止其他选手按键,其按键操作无效。

电路选用优先编码器 74LS148 和锁存器 74LS279 来完成。

四、实验报告要求

1. 根据结果,画出正确的完整电路图。
2. 总结四人抢答器的整个调试过程。
3. 分析电路调试中发现的问题及故障排除方法。

第六篇 电工技术

实验一

单相桥式整流电路

一、实验目的

1. 了解单相桥式整流电路的运行原理。
2. 了解单相桥式整流、电容滤波电路。
3. 学会用 Multisim 软件进行电工实验的模拟仿真。

二、实验原理

整流电路的任务是将交流电变成直流电。完成这一任务主要是靠二极管的单向导通作用,因此二极管是构成整流电路的关键元件。在小功率整流电路中,常见的主要有单相半波、全波、桥式和倍压整流电路。

单相桥式整流电路的作用是将交流电网电压 V_1 变成整流电路要求的交流电压 $V_2 = \sqrt{2} V_2 \sin\omega t$, R_L 是要求直流供电的负载电阻,四只整流二极管 $D_1 \sim D_4$ 接成电桥形式,故有桥式整流电路之称。

三、实验步骤

1. 单相桥式整流电路
在 Multisim 电路工作区组建电路,如图 6-1-1 所示。

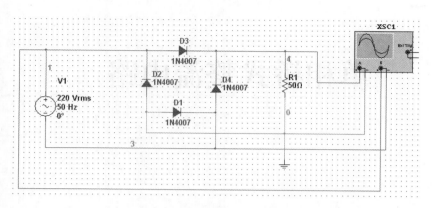

图 6-1-1　单相桥式整流电路

电路组建好后,打开电路开关,双击示波器图标打开主表盘观察输入输出波形,如图 6-1-2 所示,并定量地画出波形。

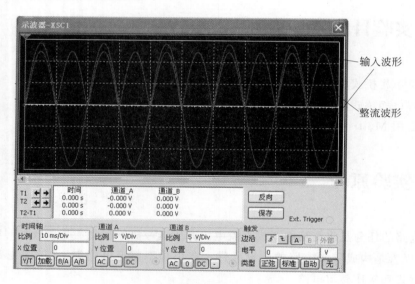

图 6-1-2　输入输出波形

2．单相桥式整流、电容滤波电路

由于电抗元件在电路中有储能作用,并联的电容器 C 在电源供给的电压升高时,能把部分能量存储起来;而当电源电压降低时,就把电场能量释放出来,使负载电压比较平滑,即电容具有平波的作用。

在 Multisim 电路工作区组建电路,如图 6-1-3 所示。

电路组建好后,打开电路开关,双击示波器图标打开主表盘观察输入输出波形,如图 6-1-4 所示,观察滤波后输出波形的变化,并定量地画出波形。

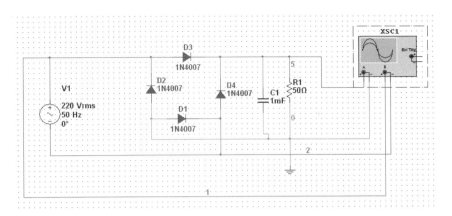

图 6-1-3 单相桥式整流、电容滤波电路

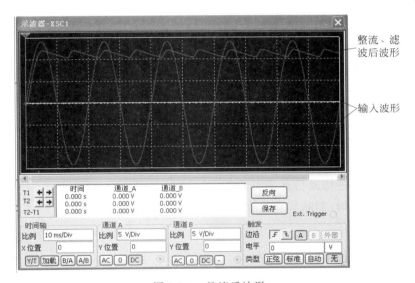

图 6-1-4 整流后波形

四、思考题

1. 电容的大小对波形有什么影响?

2. 请设计出单相桥式半控整流电路。

三相电路仿真

一、实验目的

1. 熟练运用 Multisim 正确连接电路,对不同连接情况进行仿真。
2. 对称负载和非对称负载电压电流的测量,并能根据测量数据进行分析总结。
3. 加深对三相四线制供电系统中性线作用的理解。
4. 掌握示波器的连接及仿真使用方法。
5. 进一步提高分析、判断和查找故障的能力。

二、实验原理

1. 负载应作星形连接时,三相负载的额定电压等于电源的相电压。这种连接方式的特点是三相负载的末端连在一起,而始端分别接到电源的三根相线上。

2. 负载应作三角形连接时,三相负载的额定电压等于电源的线电压。这种连接方式的特点是三相负载的始端和末端依次连接,然后将三个连接点分别接至电源的三根相线上。

3. 电流、电压的"线量"与"相量"关系。

测量电流与电压的线量与相量关系,是在对称负载的条件下进行的。画仿真图时要注意。

负载对称星形连接时,线量与相量的关系为:

(1) $U_L = \sqrt{3} U_P$;(2) $I_L = I_P$。

负载对称三角形连接时,线量与相量的关系为:

(1) $U_L = U_P$;(2) $I_L = \sqrt{3} I_P$。

4. 星形连接时中性线的作用

三相四线制负载对称时中性线上无电流,不对称时中性线上有电流。中性线的作用是将三相电源及负载变成三个独立回路,保证在负载不对称时仍能获得对称的相电压。

如果中性线断开,这时线电压仍然对称,但每相负载原先所承受的对称相电压被破坏,各相负载承受的相电压高低不一,有的可能会造成欠压,有的可能会过载。

三、实验步骤

1. 建立三相测试电路如图 6-2-1 所示。

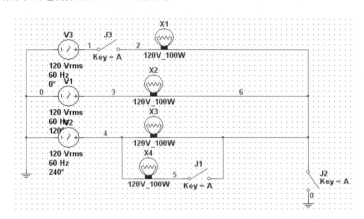

图 6-2-1　三相负载星形连接实验电路图

接入示波器:测量 ABC 三相电压波形。并在下面绘出图形。

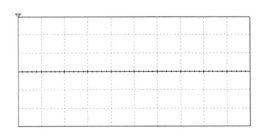

Timebase:_____/DIV　　　　　三相电压相位差:$\varphi=$_____。

2. 三相对称星形负载的电压、电流测量。

(1) 在 Multisim 电路工作区绘制电路,如图 6-2-1 所示,图中相电压有效值为 220V。

(2) 正确接入电压表和电流表,J1 打开,J2、J3 闭合,测量对称星形负载在三相四线制(有中性线)时各线电压、相电压、相(线)电流和中性线电流、中性点位移电压。记入表 6-2-1 中。

表 6-2-1　三相对称星形负载的电压、电流

项　目 分　类		线电压/V			相电压/V			线电流/A			$I_{\mathrm{N'N}}$/A	$U_{\mathrm{N'N}}$/V
		U_{UV}	U_{VW}	U_{WU}	U_{UN}	U_{VN}	U_{WN}	I_{U}	I_{V}	I_{W}		
负载对称	有中性线											
	无中性线											

（3）打开开关 J2，测量对称星形负载在三相三线制（无中性线）时电压、相电压、相（线）电流、中性线电流和中性点位移电压，记入表 6-2-1 中。

3. 三相不对称星形负载的电压、电流测量。

（1）正确接入电压表和电流表，J1 闭合，J2、J3 闭合，测量不对称星形负载在三相四线制（有中性线）时各线电压、相电压、相（线）电流和中性线电流、中性点位移电压。记入表 6-2-2 中。

（2）打开开关 J2，测量不对称星形负载在三相三线制（无中性线）时各线电压、相电压、相（线）电流、中性线电流和中性点位移电压，记入表 6-2-2 中。

表 6-2-2　三相不对称星形负载的电压、电流

项　目 分　类		线电压/V			相电压/V			线电流/A			$I_{N'N}$/A	$U_{N'N}$/V
		U_{UV}	U_{VW}	U_{WU}	U_{UN}	U_{VN}	U_{WN}	I_U	I_V	I_W		
负载 不对称	有中性线											
	无中性线											

4. 三相电路星形连接测试功率。

（1）在 Multisim 电路工作区组建电路，如图 6-2-2 所示。

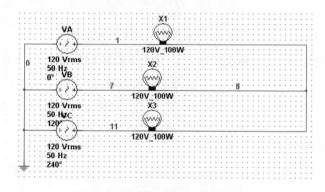

图 6-2-2　三相电路星形连接

（2）接入功率表测出每相功率：$P_A =$ _____，$P_B =$ _____，$P_C =$ _____，总功率 $P_总 =$ _____。

（3）在 B 相接入电流表测出 $I_B =$ _____，计算总功率 $P_总 =$ _____。

（4）测量相电压 $U_A =$ _____，线电压 $U_{AB} =$ _____，相电压和线电压关系：_____。

（5）利用如图 6-2-2 所示的电路图，建立二瓦法测试电路并验证总功率。

以二瓦法接入瓦特表，仿真测出每相功率：$P_1 =$ _____，$P_2 =$ _____，总功率 $P_总 =$ _____。

四、思考题

1. 根据测量数据表 6-2-1 分析三相对称星形负载连接时电压、电流"线量"与"相量"的关系。

2. 根据测量数据表 6-2-2 分析,说明三相负载不对称时中性线的主要作用,由此得出为什么中性线不允许加装熔断器的原因。

实验三

功率因数的提高

一、实验目的

1. 掌握日光灯电路的工作原理机电路连接方法。
2. 通过测量电路功率，进一步掌握功率表的使用方法。
3. 掌握改善日光灯电路功率因数的方法。

二、实验原理

1. 日光灯电路的工作原理

日光灯电路主要有日光灯管、镇流器、启辉器等元件组成，电路如图 6-3-1 所示。

灯管两端有灯丝，管内充有惰性气体(氩气或氖气)及少量水银，管壁涂有荧光粉。当管内产生弧光放电时，水银蒸汽受激发，辐射大量紫外线，管壁上的荧光粉在紫外线的激发下，辐射出接近日光的光线，日光灯的发光效率较白炽灯高一倍多，是

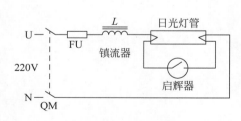

图 6-3-1　日光灯电路

目前应用最普遍的光源之一，日光灯产生弧光放电的条件，一是灯丝要预热并发射电子，二是灯管两端需要加一个较高的电压使管内气体击穿放电，通常的日光灯管本身不能直接接在 220V 电源上使用。

启辉器有两个电极：一个是双金属片，另一个是固定片；二极之间并有一个小容量电容器。一定数值的电压加在启辉器两端时，启辉器产生辉光放电，双金属片因受热伸直，并与静片接触，而启辉器因动片与静片接触，放电停止，冷却且自动分开。

镇流器是一个带铁芯的电感线圈。

电源接通时,电压同时加到灯管两端和启辉器的两个电极上,对于灯管来说,因电压低不能放电;但对于启辉器,此电压则可以起辉、发热,并使双金属片伸直与静片接触。于是有电流流过镇流器、灯丝和启辉器,这样灯丝得到预热并发射电子,经 1～3s 后启辉器因双金属片冷却,使动片与静片分开。由于电路中的电流突然中断,便在镇流器两端产生一个瞬时高电压,此电压与电源叠加后加在灯管两端,将管内气体击穿而产生弧光放电。灯管点亮后,由于镇流器的作用,灯管两端的电压比电源电压低很多,一般为 50～100V。此电压已不足以使启辉器放电,故双金属片不会再与静片闭合。启辉器在电路中的作用相当于一个自动开关。镇流器在灯管启动时产生的高压,有启动前预热灯丝及启动后灯管工作时的限流作用。

日光灯电路实质上是一个电阻与电感串联电路。当然,镇流器本身并不是一个纯电感,而是一个电感和等效电阻相串联的元件。

2. 功率因数的提高

在正弦交流电路中,只有纯电阻电路,平均功率 P 和视在功率 S 是相等的。只有电路中含有电抗元件并在非谐振状态。平均功率总是小于视在功率。平均功率与视在功率之比称为功率因数,即

$$\lambda = \frac{P}{S} = \frac{UI\cos\varphi}{UI} = \cos\varphi$$

可见功率因数是电路阻抗角 φ 的余弦值,并且电路中的阻抗角越大,功率因数越低;反之,电路阻抗角越小,功率因数越高。

功率因数的高低反映了电源容量被充分利用的情况。负载的功率因数低,会使电源容量不能充分利用;同时,无功电流在输电线路中造成损耗,影响整个输电网的效率。因此,提高功率因数成为电力系统需要研究的重要课题。

在实际应用电路中,负载多为感性负载,所以提高功率因数通常用电容补偿法,即在负载两端并联补偿电容。当电容器的电容量选择合适时,可将功率因数提高到 1。

在日光灯电路中,灯管与一个带有铁芯的电感串联,由于电感量较大,整个电路的功率因数是比较低的,为了提高功率因数,可以在灯管与镇流器串联后的两端并联电容器实现。

三、实验步骤

1. 根据日光灯电路原理图新建提高功率因数的仿真实验电路,如图 6-3-2 所示。

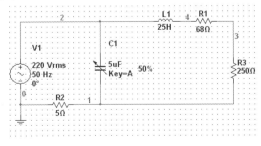

图 6-3-2 提高功率因数

2．分别测量日光灯的电路的电流 I、电源电压 U、镇流器电压 UL 与灯管电压 UR，用虚拟电压/电流表及示波器测量日光灯电压、电流的大小与二者的相位差。在 Multisim 中连接好的实验电路图，如图 6-3-3 所示。

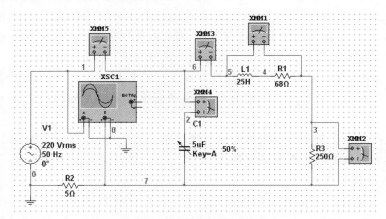

图 6-3-3　日光灯电路创建图

3．调节并联电容大小，使电路电流 I 降至最小（电压 U 与电流 I 的相位差为 0）。记录下各电压、电流及其相位差。

4．分别增加/减少并联电容，记录下不同情况下各电压、电流及其相位差。

5．根据实验记录数据，将数据填写在表 6-3-1 中，计算电路的功率因数，讨论提高电路的功率因数的意义。

表 6-3-1　提高功率因数数据记录表

并联 C	U	U_L	U_R	I	I_L	I_C	Δt	φ	$\cos\varphi$	P	S
0											
1											
2											
3											
4											
5											

四、思考题

1．改善日光灯功率因数的方法。为什么不采用串联电容的方法提高功率因数？

2．并联电容器后，总功率 P 是否变化？为什么？

3．为什么并联电容器后总电流会减少？请绘制相量图说明。

第七篇　MATLAB 仿真技术

实验一

熟悉MATLAB环境

一、实验目的

1. 熟悉 MATLAB 主界面,并学会简单的菜单操作。
2. 学会简单的矩阵输入与信号输入。

二、实验原理

MATLAB 是以复杂矩阵作为基本编程单元的一种程序设计语言。它提供了各种矩阵的运算与操作,并有较强的绘图功能。

用户第一次使用 MATLAB 时,建议首先在屏幕上输入 demo 命令,它将启动 MATLAB 的演示程序,用户可在此演示程序中领略 MATLAB 所提供的强大的运算与绘图功能。也可以输入 help 命令进一步了解相关内容。

MATLAB 启动界面如图 7-1-1 所示。

操作界面主要的介绍如下:

命令窗(Command Window),在该窗可输入各种发给 MATLAB 执行的命令、函数、表达式,并显示除图形外的所有运算结果。

历史命令窗(Command History),该窗记录已经运行过的命令、函数、表达式;允许用户对它们进行选择复制、重运行,以及产生 M 文件。

工作空间浏览器(Workspace Browser),该窗口将列出 MATLAB 工作空间中所有的变量名、大小、字节数;在该窗口中,可对变量进行观察、编辑、提取和保存操作。

其他还有当前目录浏览器(Current Directory Browser)、M 文件编辑/调试器(Editor/Debugger)以及帮助导航/浏览器(Help Navigator/Browser)等,但通常不随操作界面的出现而启动。

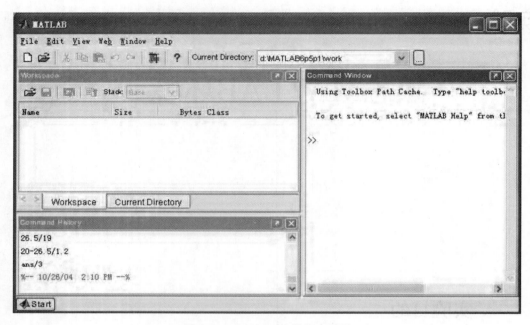

图 7-1-1　MATLAB 操作主界面

利用 File 菜单可方便地对文件或窗口进行管理。在 File→New 的各子菜单中,利用 M-file(M 文件)、Figure(图形窗口)或 Model(Simulink 编辑界面)分别可创建对应文件或模块。Edit 菜单允许用户和 Windows 的剪切板交互信息。

MATLAB 语言最基本的赋值语句结构为:变量名列表＝表达式。表达式由操作符或其他字符、函数和变量名组成,表达式的结果为一个矩阵,显示在屏幕上,同时输送到一个变量中并存放于工作空间中以备调用。如果变量名和"＝"省略,则 ans 变量将自动建立,例如,输入"1900/81",可得到输出结果"ans＝23.4568"。

MATLAB 中变量命名的原则要求必须以英文字母开头,文件夹名字中还可以包括下画线和数字,不要使用其他字符,更不要单纯使用数字或者中文名命名,有时在运行 MATLAB 时出现一些莫名的错误可能就是不规范的命名引起的。这种规则包括将来为自己编写的脚本文件、函数文件命名以及为使用的变量命名时都应遵循这个规则。

三、实验步骤

1. 用户工作目录和当前目录的建立和设置

为管理方便,每个用户在使用 MATLAB 前,应尽量建立一个专门的工作目录,即"用户目录",用来存放自己创建的应用文件。例如,首先打开资源管理器,在 E 驱动器下可以建立一个新文件夹,但应注意:该文件夹命名要求和变量一样,不要单纯使用数字或者中文名命名,有时在运行 MATLAB 时出现一些莫名的错误可能就是不规范的命名引起的。尽管 MATLAB\work 允许用户存放用户文件,但最好把它仅作为临时工作目录来使用。

2. 熟悉简单的矩阵输入

（1）从屏幕上输入矩阵

A＝[1 2 3；4 5 6；7 8 9]回车

然后输入

A＝[1,2,3；4,5,6；7,8,9]回车

观察输出结果。

（2）试用回车代替分号,观察输出结果。

（3）输入 size(A),观察结果。

（4）输入矩阵

B＝[9,8,7；6,5,4；3,2,1]；回车

再输入矩阵

C＝[4,5,6；7,8,9；1,2,3]；回车

然后分别输入"A B C 回车"观察结果。

（5）再试着输入一些矩阵,矩阵中的元素可为任意数值表达式,但应注意：矩阵中各行各列的元素个数需分别相等,否则会给出出错信息。

（6）输入 who 和 whos,观察结果,了解其作用。

3. 基本序列运算

（1）数组的加减乘除和乘方运算。

输入 A＝[1 2 3],B＝[4 5 6],求 C＝A＋B,D＝A－B,E＝A．＊B,F＝A．/B,G＝A．^B,再输入一些数组,进行类似的运算。

（2）在命令窗口用 plot 命令粗略描绘下列各函数的波形（其中对于连续信号可取时间间隔为 0.001,可参看下面的实例来实现）。

① $f(t)=3-e^{-t}$　$0<t<3$

实现方法,在命令窗口执行一下命令,可简单描绘出函数曲线：

```
t = 0:.001:3;
y = 3 - exp( - t);
plot(t,y)
```

② $f(t)=5e^{-t}+3e^{-2t}$　$0<t<3$

③ $f(t)=e^{-t}\sin(2\pi t)$　$0<t<3$

④ $f(t)=\sin(at)/at$　$-2\pi<t<2\pi$（π 在 MATLAB 中用 pi 来实现,a 要取一个确定的值）

⑤ $f(t)=e^{t}$　$0<t<5$

四、思考题

1. MATLAB 工作空间浏览器显示哪些内容？

2. MATLAB 变量命名有什么要求？

实验二

数值数组创建、应用及可视化

一、实验目的

1. 掌握二维数组的创建、访问，了解数组运算与矩阵运算的区别。
2. 掌握标准数组生成函数和数组构造方法。

二、实验原理

数值数组和数组运算是 MATALB 核心内容。通常，数组是由一组实数或复数排成的长方阵列（Array），它可以是一维的"行"或"列"，可以是二维的"矩形"，也可以是三维的若干同维矩形的堆叠，甚至是更高的任意维。数组运算是指无论在数组上施加什么运算（加减乘除或函数），都是对被运算数组中的每个元素（Element）平等地实施同样的操作。这使得计算程序简单、易读，使程序命令更接近教科书上的数学计算公式，并提高了程序的向量化程度，提高了计算效率，节省了计算机开销。

一维数组的创建可采用逐个元素输入法，这是最简单，但又最通用的构造方法，如"x＝[2pi/2sqrt(3)3＋5i]；"。另外，有规律地产生数组可以采用冒号生成法，通用格式是 x＝a：inc：b，a 是数组的第一个元素，inc 是采样点之间的步长。若 b－a 是 inc 的整数倍，则生成数组的最后一个元素是 b，否则小于 b。或者采用定数线性采样法，该法是在设定"总点数"下，均匀采样生成一维"行"数组。格式为 x＝linspace(a,b,n)，a、b 分别是生成数组的第一个和最后一个元素，n 是采样总点数，该命令生成 1×n 数组。

二维数组是由实数或复数排列成矩形而构成的。从数据结构上看，矩形和二维数组没有什么区别。当二维数组带有线性变换含义时，该二维数组就是矩阵。二维数组的创建也可采用直接输入法，或者利用构造 M 文件创建和保存。

除此以外，还可以采用 MATLAB 提供的标准函数生成我们需要的数组，诸如 zeros、

ones、rand、eye、diag、magic 等。

一维数组元素的访问和标识采用 X(index)方法,只是要注意 MATLAB 中第一个元素下标 index 是 1,而不是 C 语言中的 0。二维数组元素的标识和访问可分为"全下标"标识和"单下标"标识,"全下标"标识,即指出是"第几行,第几列"的元素,如 A(3,5)表示二维数组 A 的第三行第五列元素。该标识法的优点是几何概念清楚,引述简单,在 MATLAB 的寻址和赋值中最为常用。"单下标"标识,顾名思义,就是只用一个下标来指明元素在数组中的位置,首先对二维数组的所有元素进行"一维编号"。"一维编号"是指:先设想把二维数组的所有列,按先左后右的次序、首尾相接排成"一维长列",然后自上往下对元素位置进行编号,其优点是简洁、方便,特别是,如果碰到对二维数组进行诸如 for 循环操作时可以减少循环次数,提高编程效率。"全下标"标识和"单下标"标识可以通过 sub2ind 和 ind2sub 命令进行转换。另外,不论二维数组还是一维数组都可以采用"逻辑 1"标识,这种方法常用于寻找数组中所有大于或小于某值的元素的问题中。比如 X(abs(X)>3)可以找出数组 X 中所有绝对值大于 3 的元素。另外,还可以借助 ones、zeros、rand、randn 和 cat、repmat、reshape 等函数直接或间接构成高维数组,详见 MATLAB 帮助。

MATLAB 中的许多函数都可以直接对任意维的数组直接运算,相当于对数组中的每个元素分别进行运算。比如 Y=sin(X)可以直接得到与数组 X 中每一个元素相对应的正弦值,这大大简化了编程。值得注意的是,虽然从外观形状和数据结构上看,二维数组和(数学中的)矩阵没有区别,但作为一种变换或映射算子的体现,矩阵运算有着明确而严格的数学规则。数组运算是 MATLAB 软件定义的规则,其目的是为了数据管理方便、操作简单、命令形式自然和执行计算的有效。为了区别数组和矩阵运算,在易混淆的地方,数组运算在运算符前加一小黑点"."以示区别,比如 Y=A.*B,代表的是数组 A 和数组 B 对应元素相乘,而 Y=A*B,则表示内维相同的矩阵 A 和 B 的乘积。由此也可以看出,在执行数组与数组的运算时,参与运算的数组必须同维,运算所得结果也总与原数组同维。

本次实验只涉及数组可视化方法的简单实现。通常,对于离散数据可采用 stem 命令或者使用 plot 命令绘点的方法,而对于连续函数可直接采用 plot 命令来实现。

三、实验步骤

1. 一维数组在命令窗口执行下面命令,观察输出结果,体会数组创建和访问方法,%号后面的为注释,不用输入。

```
x = rand(1,5)              % 产生(1*5)的均布随机数组
x(3)                       % 寻访数组 x 的第三个元素
x([1 2 5])                 % 寻访数组 x 的第一、二、五个元素组成的子数组
x(1:3)                     % 寻访前三个元素组成的子数组
x(3:end)                   % 寻访除前 2 个元素外的全部其他元素,end 是最后一个元素的下标
x(3:-1:1)                  % 由前三个元素倒排构成的子数组
x(find(x > 0.5))           % 由大于 0.5 的元素构成的子数组
x([1 2 3 4 4 3 2 1])       % 对元素可以重复寻访,使所得数组长度允许大于原数组
x(3) = 0                   % 把上例中的第三个元素重新赋值为 0
x([1 4]) = [1 1]           % 把当前 x 数组的第一、四个元素都赋值为 1
```

```
x(3) = [ ]                          %  空数组的赋值操作
```

2. 二维数组。

(1) 在命令窗口执行下面命令,观察输出结果。

```
a = 2.7358; b = 33/79;                          % 这两条命令分别给变量 a 、b 赋值
C = [1,2 * a + i * b,b * sqrt(a);sin(pi/4),a + 5 * b,3.5 + i]   % 这条命令用于创建二维组 C
M_r = [1,2,3;4,5,6],M_i = [11,12,13;14,15,16]   % 创建复数数组的另一种方法
CN = M_r + i * M_i                              % 由实部、虚部数组构成复数数组
```

(2) 仿照实验步骤 1 中方法找出数组 $A = \begin{bmatrix} -4 & -2 & 0 & 2 & 4 \\ -3 & -1 & 1 & 3 & 5 \end{bmatrix}$ 中所有绝对值大于 3 的元素。

(3) 在命令窗口执行下面命令,体会二维数组的子数组访问和赋值操作。

```
A = zeros(2,4)          % 创建(2 * 4)的全零数组
A(:) = 1:8              % 全元素赋值方式
s = [2 3 5];            % 产生单下标数组行数组
A(s)                    % 由"单下标行数组"寻访产生 A 元素组成的行数组
Sa = [10 20 30]'        % Sa 是长度为 3 的"列数组"
A(s) = Sa               % 单下标方式赋值
A(:,[2 3]) = ones(2)    % 双下标赋值方式:把 A 的第 2 、3 列元素全赋为 1
```

(4) 在命令窗口执行下面命令,体会数组运算与矩阵运算的区别。

```
clear ;A = zeros(2,3);
A(:) = 1:6;   % 全元素赋值法
A = A * (1 + i)% 运用标量与数组乘产生复数矩阵
A_A = A.'      % 数组转置,即非共轭转置,其中单
               % 引号实现转置功能
A_M = A'       % 矩阵转置,即共轭转置
```

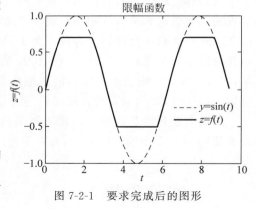

图 7-2-1　要求完成后的图形

3. 编写如图 7-2-1 所示波形的 MATLAB 脚本文件,图中虚线为正弦波,要求它分别在 $-\frac{1}{2}$ 及 $\frac{\sqrt{2}}{2}$ 处削顶。

可能用到的额外命令：find、hold on、hold off、legend,具体使用方法使用"help + 命令名"来查询。

四、思考题

1. 生成一个函数图形数据时,其中的乘、除、幂运算要注意什么问题?

2. find 函数在查找并修改数组中部分数据时的用法。

3. 在矩阵中用单下标方式访问元素时,如何计算下标序号?

实验三

脚本文件和函数的编写

一、实验目的

1. 掌握字符串数组的创建和构造方法及常用字符串函数的使用方法。
2. 熟练掌握 MATLAB 流程控制的使用方法。
3. 熟悉 M 脚本文件的编写方法和技巧。

二、实验原理

与数值数组相比,串数组在 MATLAB 中的重要性较小,但不可缺少。如果没有串数组及相应的操作,那么数据可视化、图形用户界面的制作将会遇到困难。字符串与数值数组是两种不同的数据类,它们的创建方式也不同。字符串的创建方式是:将待建的字符放在"单引号对"中。注意,"单引号对"必须是在英文状态下输入,其作用是 MATLAB 识别送来内容"身份"所必需的,如 A = 'This is an example!'; 就创建了一个字符串 A。注意创建带单引号的字符串时,每个单引号符用"连续 2 个单引号符"标识。字符串的标识与数值数组相同,而且也可以使用 size 命令观察串数组的大小。串数组的 ASCII 码可以通过命令 abs 和 double 来获取,而用 char 命令可以把 ASCII 码变为串数组,另外,MATLAB 可以很好地支持中文字符串数组。对于复杂串数组的创建,一是可以直接创建,但是要保证同一串数组的各行字符数相等,即保证各行等长,不推荐,太烦琐;二是可以利用串操作函数创建多行数组,比如 char、str2mat、strvcat 等,具体操作自己通过帮助了解。另外还可以通过转化函数产生数码字符长,比如 A_str = int2str(A) 就是把整数数组 A 转换成串数组,如果是非整数将被四舍五入后再转换,类似的函数还有 num2str(把非整数数组转换为串数组,常用于图形中数据点的标识)、mat2str(把数值数组转换成输入形态的串数组,常与 eval 命令配用)。

假如想灵活运用 MATLAB 去解决实际问题,想充分利用 MATLAB 的技术资源,想理解 MATLAB 版本升级所依赖的基础,那么掌握 M 脚本文件和函数文件的编写规则将十分有用。

通过本次实验,感受 MATLAB 编程中抽象概念的内涵、各命令间的协调性,领悟 MATLAB 编程的优越和要领。

编写 M 脚本文件的步骤:

单击 MATLAB 命令窗工具条上的 New File 图标 🗋,就可打开如图 7-3-1 所示的 MATLAB 文件编辑调试器 MATLAB Editor/Debugger。其窗口名为 untitled,用户在空白窗口中可编写程序。

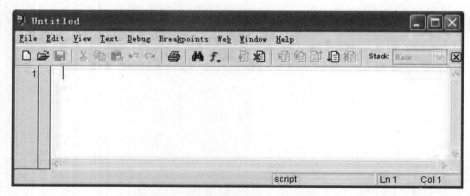

图 7-3-1　MATLAB 文件编辑调试器

单击编辑调试器工具条图标 🖫,在弹出的 Windows 标准风格的"保存为"对话框中,选择保存文件夹,输入新编文件名(如 newfile. m),单击"保存"按钮,就完成了文件保存。

运行可有两种方法:一种是直接单击编辑调试工具条图标 🗐,即可直接运行;另一种是使 newfile. m 所在目录成为当前目录,或让该目录处在 MATLAB 的搜索路径上,然后在命令窗口输入命令"newfile+回车",便可得到运行结果。

调试程序方法有多种,常见的是设置断点的方法,将光标移到程序欲执行到的位置,单击编辑调试工具条图标 🗐,保存后运行,程序将停止在该语句的位置并弹出编辑器界面等待用户下一步运行的命令,只有再次单击按钮 🗐,才继续向下执行。相应地单击按钮 🗐,表示清除所有断点。如果不设置断点,也可以在程序中加入 pause 命令,使得程序在此处暂停,只有用户按任意键时程序才依次向下执行。这样可以通过交互的方式得到我们想要的信息,以检测程序的正确性。

编写 MATLAB 脚本文件或函数文件时要区分与 C 语言格式的不同。MATLAB 使用变量前不需要声明数据类型,对于所有的数值型数据,MATLAB 均以 Double 型存储。另外编程时尽量使用 MATLAB 向量(数组)编程方式,可大大提高编程效率,尽量避免过多地使用 for 循环等语句。

MATLAB 提供了五种控制流的结构:for 循环结构、while 循环结构、if-else-end 分支结构、switch-case 结构和 try-catch 结构。这些控制命令用法与其他语言十分类似,这里只给出简要说明。

for 循环:

```
for x = array
    (commands)
end
```

while 循环结构

```
while expression
    (commands)
end
```

if-else-end 结构

单分支(常用)　　　　双分支(常用)　　　　　　多分支(常被 switch-case 取代)

```
if expression
   (commands)
end
```

```
If expression
    (commands1)
else
    (commands1)
end
```

```
if expression1
    (commands1)
elseif expression2
    (commands2)
    ⋮
else
    (commandsk)
```

在上面几条控制语句中,for 循环结构中 x 称为循环变量,组命令(commands)被称为循环体,循环体被重复执行的次数是确定的,该次数由 for 命令后面的数组 array 的列数决定。换言之,循环变量依次取数组的各列,对于每个变量值,循环体被执行一次。

while 循环是首先检测 expression 的值,如其值为逻辑真(非 0),则执行组命令。当组命令执行完毕,继续检测表达式的值,若仍为真,则循环执行组命令,一旦表达式值为假,就结束循环。一般情况下,表达式的值是标量值,但 MATLAB 允许其为一个数组,此时只有该数组所有元素均为真时,MATLAB 才会执行循环体。若表达式为空数组,则不执行循环体。

if 命令判决和 break 命令的配合使用,可以强制中止 for 循环或 while 循环。

switch-case 结构　　　　　　　　　　　　try-catch 结构

```
switch ex
  case test1
     (commands 1)
  case test2
   ⋮
  case testk
     (commands k)
```

```
try ex
    (commands 1)
catch
    (commands 2)
end
```

switch 命令后面的表达式应为一个标量或者为一个字符串。对于标量形式的表达式,比较这样进行:表达式==检测值 i。对于字符串,MATLAB 将调用函数 strcmp 来实现比较:strcmp(表达式,检测值 i)。

对于 try-catch 结构,只有当 MATLAB 在执行组命令 1 时出现错误后,组命令 2 才会被执行。当执行组命令 2 时又出错,MATLAB 将中止该结构。

随着命令数的增加或控制流复杂度的增加,以及重复计算要求的提出,采用 M 脚本文件进行编程较为适宜。这种脚本文件的构成比较简单,它是一串按照用户意图排列而成的MATLAB 命令集合。脚本文件运行后,所产生的所有变量都驻留在 MATLAB 基本工作空间中,只要用户不使用 clear 命令加以清除,且 MATLAB 命令窗口不关闭,这些变量就将一直保存在基本工作空间中。

与脚本文件不同的是,函数文件犹如一个"黑箱"。从外界只能看到传给它的输入量和送出的计算结果,而内部运作是藏而不见的,其特点是:

从形式上看,与脚本文件不同,函数文件的第一行总是以 function 引导的"函数声明行"。该行还列出函数与外界的联系的全部"标称"输入输出变量。但对"输入输出变量"的标称数目并没有限制,既可以完全没有输入输出变量,也可以是任意数目。形如function　sa=circle(r,s)。这里 r、s 称为输入变量,sa 称为输出变量,函数名为 circle,同时应注意保存的函数文件名应与这里的函数名一致,即保存为 circle. m 文件。

　　MATLAB 允许使用比"标称"数目较少的输入输出变量实现对函数的调用,但前提是函数中应该有相应的处理程序。

　　从运行上看,与脚本文件不同,每当函数文件运行时,MATLAB 就会专门为它开辟一个临时的工作空间,称为函数工作空间。所有中间变量都存放在函数工作空间中。当执行完文件最后一条命令或遇到 return 命令时,就结束该函数文件的运行,同时该临时函数空间及其所有的中间变量就立即被清除。

　　假如在函数文件中,发生对某脚本文件的调用,那么该脚本文件运行产生的所有变量都存放在该函数空间中,而不是存放在基本空间。

三、实验步骤

　　1. 先请实际操作下例,以体会数值量与字符串的区别。

```
clear                          % 清除所有内存变量
a = 12345.6789                 % 给变量 a 赋数值值标量
class(a)                       % 对变量 a 的类别进行判断
a_s = size(a)                  % 数值数组 a 的"大小"
b = 'S'                        % 给变量 b 赋字符标量(即单个字符)
class(b)                       % 对变量 b 的类别进行判断
b_s = size(b)                  % 符号数组 b 的"大小"
whos                           % 观察变量 a、b 在内存中所占字节
```

　　2. 已知串数组 a="This is an example. ",试将其倒序输出。

　　3. 接上题,试执行 ascii_a=double(a),观察其 ASCII 码,并将 ASCII 码变回字符串。

　　4. 设 A="这是一个算例",重复步骤 2 和步骤 3。

　　5. 尝试用直接输入法在命令窗口创建字符串 s 矩阵,第一行是"This string array",第二行是"has multiple rows. "。

　　6. 排序:产生 100 个随机数,按从小到大排序(用冒泡法排序)。

　　7. 求质数:得到 1000 以内的所有质数(用挖空法)。

　　8. 编程实现分别用 for 或 while 循环语句计算:

$$K = \sum_{i=0}^{63} 2^i = 1 + 2 + 2^2 + \cdots + 2^{63}$$

的程序,并给出运行结果。此外,实现一种避免使用循环的计算程序。

四、思考题

　　1. MATLAB 程序中要实现分支流程,有哪几种方式?

　　2. MATLAB 程序中要实现循环流程,有哪几种方式?

　　3. Break 和 Continue 语句有何不同?

实验四

数据可视化方法

一、实验目的

1. 掌握曲线绘制的基本技法和命令,会使用线型、色彩、数据点标记表现不同数据的特征,掌握生成和运用标识注释图形。
2. 掌握画图中多窗口、子图的使用方法。

二、实验原理

MATLAB 提供了相当强大的可视化命令,通过这些命令,我们可以非常简单地实现数据的可视化。首先来看离散数据和离散函数的可视化方法。对于离散实函数 $y_n = f(x_n)$,当 x_n 以递增(或递减)次序取值时,根据函数关系可以求得同样数目的 y_n,当把这两组向量用直角坐标中的点次序图示时,就实现了离散函数的可视化。当然,这种图形上的离散序列所反映的只是某确定的有限区间内的函数关系,不能表现无限区间上的函数关系。通常可以采用 plot 或者 stem 来实现。需要注意的是,使用 plot 时,需要使用星号或者点等标识来表示数据点,比如 plot(xn,yn,'r * ','MarkerSize',20),就表示用字号 20 的红色星点来标识数据点,此时为了便于观察,通常随后加上一条语句"grid on",即给图形加上坐标方格。而采用 stem 标识数据点的格式是 stem(xn,yn)。

连续函数的可视化与离散函数可视化类似,也必须先在一组离散自变量上计算相应的函数值,并把这一组"数据点"用点图示。但这些离散的点不能表现函数的连续性。为了进一步表示离散点之间的函数情况,MATLAB 有两种常用处理方法:一是对区间进行更细的分割,计算更多的点,去近似表现函数的连续变化;或者把两点用直线连接,近似表现两点间的(一般为非线性的)函数形状。但要注意,倘若自变量的采样点不足够多,则无论哪种方法都不能真实地反映原函数。对于二维数据,常用画图命令仍旧是 plot。对于离散数据,

plot 命令默认处理方法是：自动地把这些离散数据用直线（即采用线性插值）连接，使之成为连续曲线。对于三维图形的表示，通常有 plot3 等命令。

通常，绘制二维或三维图形的一般步骤如表 7-4-1 所示。

表 7-4-1　绘制图形的一般步骤和典型命令

序号	步　　骤	典　型　命　令	

1	曲线数据准备
	先取一个参变量采用向量
	然后计算各坐标数据向量
		t = 0:.001:3 * pi;
		t = linspace(0,3 * pi,1000)
		y = f(t);
			% 参变量采用向量
			% 参变量采用向量另一种方式
			% 计算相应的函数值

2	选定图形窗及子图位置 默认情况下,打开 1 号图形窗,或 当前窗,当前子图 可用命令指定图形窗号和子图号	figure(1) Subplot(2,2,3)	% 指定 1 号图形窗 % 指定 3 号子图
3	调用二维或三维绘图命令 指定好线型、色彩、数据点形	plot(t,y,'r:')	% 用红虚点画二维线,画三维线可 % 用 plot3 命令,此处略
4	设置轴的范围、坐标分格线	axis([x1,x2,y1,y2]) grid on	% 平面坐标范围 % 坐标分格线
5	图形注释：图名、坐标名、图例、文字说明等	title('调制图形') xlabel('t'); ylabel('y') legend(sin(t),'sin(t)sin(9t)') text(2,0.5, 'y = sin(t)sin(9t)')	% 图名 % 轴名 % 图例 % 文字说明
6	着色、明暗、灯光、材质处理等(仅对三维图形使用)	colormap, shading, light, material	
7	视点、三度(横、纵、高)比(仅对三维图形使用)	view, aspect	
8	图形的精确修饰(图柄操作) 利用对象属性值设置 利用图形窗工具条进行	get, set	
9	打印 图形窗上的直接打印选项或按键 利用图形后处理软件打印	print - dsp2	% 采用图形窗选项或按键打印最简便 % 专业质量打印命令

说明：

步骤 1、3 是最基本的绘图步骤。一般来说,由这两步所画出的图形已经具备足够的表现力。至于其他步骤,并不完全必需。

用户可根据自己需要改变上面绘图步骤,并不必严格按照执行。

步骤 2 一般在图形较多情况下使用,此时需要指定图形窗、指定子图。

步骤 8 涉及图柄操作,需要对图形对象进行属性设置,较为复杂。

MATLAB 提供了交互式图形编辑功能,可方便地对图形精细修饰。

plot 等绘图命令的典型调用格式为：plot(t,y,'s')。其中 s 是用来指定线型、色彩、数据点形的选项字符串。S 的合法取值如下所示,格式形如'r+'。如果省略,此时线型、色彩、数据点形将由 MATLAB 默认设置确定。plot 进一步的使用方法可参看帮助文档。

s 可用来指定的线型分别有："—"实线,":"虚线,"-."点画线,"——"双画线。

s 可用来指定的色彩分别有：b—蓝,g—绿,r—红,c—青,y—黄,w—白,k—黑。

s 可用来指定的数据点型有："."实心黑点,"＋"十字符,"^"朝上三角符,"v"朝下三角符,"d"菱形符,"p"五角星符等。

常用的坐标控制命令 axis 是最常用的,比如 axis([x1,x2,y1,y2]) 可人工设定坐标范围,axis off 可取消轴背景,axis equal 横纵轴采用等长刻度等。其他使用见帮助。

需要特别指出的是,要在已经存在的图上再绘制一条或多条曲线,可使用 hold on 命令,可保持当前轴及图形保持不被刷新,并准备接收此后绘制的新曲线,hold off 则取消此功能。若想画多个独立的图形,则会用到 figure(n) 命令,这里 n 为整数,可顺序从 1 向后排。如果想在特定图形中布置几幅独立的子图,则会用到 subplot(m,n,k),即 m×n 幅子图中的第 k 幅成为当前图;subplot('position',[left bottom width height]),表示在指定位置上开辟子图,并成为当前图。使用 clf 命令可清除图形窗的内容。另外 MATLAB 还提供了 ginput、gtext、legend 等交换命令。

[x,y]=ginput(n),可用鼠标从二维图形上获取 n 个点的数据坐标(x,y),该命令只适用于二维图形,在数值优化、工程设计中十分有用。通常在使用前先对图进行局部放大处理。

三、实验步骤

1. 已知 $n=0,1,\cdots,12,y=|(n-6)|^{-1}$,运行下面程序,体会离散数据可视化方法。

```
% 用 plot 实现离散数据可视化
n = 0:12;              % 产生一组自变量数据
y = 1./abs(n-6);       % 计算相应点的函数值
plot(n,y,'r*','MarkerSize',20)
                       % 用红花标出数据点
grid on                % 画坐标方格
```

```
% 用 stem 实现离散数据可视化
n = 0:12;
y = 1./abs(n-6);
stem(n,y)
```

说明：

plot 和 stem 命令均可以实现离散数据的可视化,但通常 plot 更常用于连续函数中特殊点的标记;而 stem 广泛用于数字信号处理中离散点的图示。

用户在运行上面的例程时会发现在命令窗口出现警告：Warning：Divide by zero! 即警告程序中出现非零数除以 0 的命令。MATLAB 对于这种情况并不中止程序,只是给该项赋值为 inf 以做标记。

2. 下面是用图形表示连续调制波形 $y=\sin(t)\sin(9t)$,仿照运行,分析表现形式不同的原因。

```
clear
t1 = (0:11)/11 * pi; y1 = sin(t1). * sin(9 * t1);
t2 = (0:100)/100 * pi; y2 = sin(t2). * sin(9 * t2);
subplot(2,2,1),plot(t1,y1,'r.'),axis([0,pi,-1,1]),title('子图(1)');
subplot(2,2,2),plot(t2,y2,'r.'),axis([0,pi,-1,1]),title('子图(2)');
subplot(2,2,3),plot(t1,y1,t1,y1,'r.') ,axis([0,pi,-1,1]),title('子图(3)');
```

3. 用图形表示连续信号双边带调制波形 $y_1 = \sin(t)\sin(9t)$，$y_2 = \sin(t)\sin(18t)$ 过零点及其包络线，如图 7-4-1 所示。

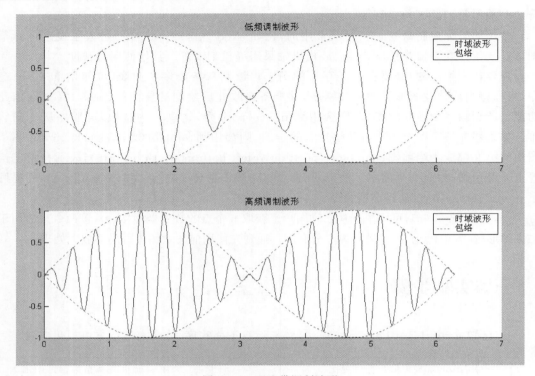

图 7-4-1　双边带调制波形

四、思考题

1. 如何使用 plot 函数画多条曲线？
2. subplot 函数三个参数的含义分别是什么？

实验五

图形用户界面编程

一、实验目的

1. 熟悉 MATLAB GUIDE 中的控件和菜单编辑。
2. 掌握使用 GUIDE 向导进行界面设计方法。

二、实验原理

在 MATLAB 中创建图形用户界面的方法有两种——图形句柄和 GUIDE,这两种实现的方法都需要使用 MATLAB 语言编程,但是技术的侧重点不同。其实 GUIDE 创建图形用户界面的基础也是图形句柄对象,只不过是具有很好的封装,使用起来简便,而且还能够做到可视化的开发,对于一般的用户来说,使用 GUIDE 创建图形用户界面应用程序已经足够了。

MATLAB 提供了基本的用户界面元素,包括菜单、快捷菜单、按钮、复选框、单选框、文本编辑框、静态文本、下拉列表框、列表框等。需要注意的是,MATLAB 的图形用户界面程序大多数是对话框应用程序,利用 MATLAB 编写文档视图应用程序相对来说比较困难。

使用 GUIDE 和图形句柄创建的图形用户界面的主要区别在于,利用图形句柄创建的图形界面应用程序只有一个文件——M 文件,而利用 GUIDE 创建的图形用户界面应用程序一般由两个文件组成:一个是应用程序文件——M 文件,另一个是外观文件——fig 文件。

MATLAB 图形用户界面的例子非常多,不仅在 MATLAB 的 Demos 中有很多用户界面的例子,如图 7-5-1 所示,在 MATLAB 的工具箱中也有很多利用 GUIDE 编写的小工具。若 MATLAB 的图形用户界面功能不能够满足用户的需要,用户还可以利用 Java 语言的工程来扩充界面功能。

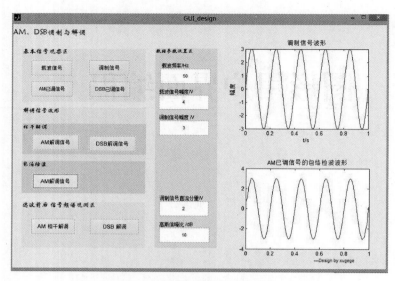

图 7-5-1　MATLAB 图形用户界面示例

通过如图 7-5-1 所示的界面,用户不必过多了解内部细节就可以使用 MATLAB 的强大数据可视化和计算的功能了。例如,单击用户界面右边的按钮,可以在图形窗体的绘图区域绘制各种图形,同时在文本显示区域显示具体命令行代码。

三、实验步骤

1. 启动 GUIDE 窗体

为了便于创建图形用户界面,MATLAB 提供了一个开发环境,能够帮助用户创建图形用户界面,这就是 GUIDE(Graphic User Interface Development Environment)。

在 MATLAB 中启动 GUIDE 的方法是在 MATLAB 命令行中输入命令:

```
>> guide
```

或者通过 Start 菜单选择 MATLAB 下的 GUIDE 命令。

这时在 MATLAB 中,将直接启动 GUIDE Quick Start 窗体,在这个窗体中,可以初步选择图形用户界面的类型,如图 7-5-2 所示。

除了能够创建新建的图形界面之外,还可以选择已经存在的图形界面文件,该文件的扩展名为.fig,这是 MATLAB 自己的图形文件格式。也可以通过下面的命令行直接打开一个存在的 GUI 界面文件:

```
>> guide gui_filename
```

这时在 GUIDE 中将显示已经创建好的图形界面外观。

选择空白界面类型,并单击 OK 按钮,这时 MATLAB 将启动 GUIDE 的图形界面,如图 7-5-3 所示。

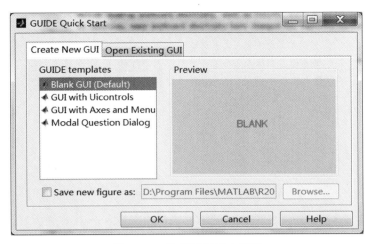

图 7-5-2　选择图形用户界面

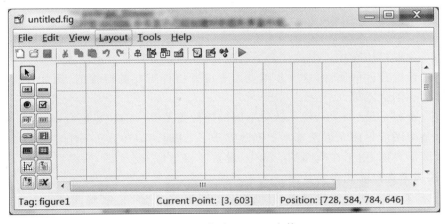

图 7-5-3　启动 GUIDE 窗体

2．设计人机接口界面

在 GUIDE 界面中，位于中央的深灰色部分为绘制控件的画布，用户可以调整画布的尺寸以得到不同的界面尺寸。在 GUIDE 界面的左侧为 MATLAB 的控件面板，控件面板包含了能够在画布上绘制的图形控件。

见图 7-5-4，本实验的图形用户界面中包含如下控件：

- 两个推按钮（push button），分别用来完成绘制三维曲面和改变色彩的功能；
- 五个静态文本框（static text），分别用来完成显示不同信息的功能；
- 一个滚动条（slide），用来完成改变三维曲面上的分隔线色彩；
- 一个坐标轴（axes），用来显示三维曲面；
- 一个菜单（menu），用来完成清除坐标轴的功能。

创建这样一个图形用户界面大体的步骤如下：

第一步，进行界面设计。在这一过程中，需要对界面空间的布局、控件的大小等进行设计，最好的方法就是在一张纸上简要地绘制一下界面的外观，做到心中有数。

第二步，利用 GUIDE 的外观编辑功能，将必要的控件依次绘制在界面的"画布"上。在

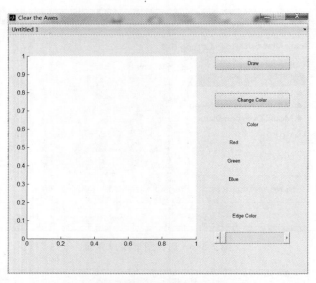

图 7-5-4　本实验要求完成图形用户界面

这一过程中,主要将所有控件摆放在合适的位置,并且设置控件合适的大小。

第三步,设置控件的属性,这一步重点需要设置控件重要的属性值,例如控件的回调函数、标签和显示的文本等。

第四步,也就是最后一步,就是针对不同的控件需要完成的功能进行 M 语言编程。

至此,整个图形界面元素就基本上创建完毕了,这时可以单击 GUIDE 工具栏中的 Run 按钮,激活图形界面,由于在前面的步骤中,设置了仅生成 fig 文件,所以这时可以利用激活界面的方法来考查界面的布局状况。

现在已经得到了图形用户界面,但是现在的图形界面还不能实现任何功能,它不能响应用户的输入,也不能在界面的坐标轴中绘制图形对象,这些功能需要通过编写 M 语言应用程序完成。进行图形用户界面编程的工作主要有两个步骤:首先设置控件的属性,然后再针对不同的控件进行 M 语言编程。

MATLAB 的图形对象都有不同的属性,在所有的属性中,比较重要的是控件的 String 属性和 Tag 属性,前者为显示在控件上的文本,后者相当于为控件取个名字,这个名字为控件在应用程序中的 ID,控件的句柄和相应的回调函数都与这个名字有直接的关系。可以使用 GUIDE 的属性查看器和控件浏览器设置控件的属性。

单击工具条中的控件浏览器按钮,在弹出的对话框中,可以查看所有已经添加在图形界面中的对象以及对象的 String 和 Tag 属性,如图 7-5-5 所示。

首先设置图形窗体的属性,双击控件对象浏览器中的 figure(Untitled),可以打开属性查看器编辑修改和查看图形窗体的属性。这里需要修改的属性包括图形的 Name 属性和 Tag 属性,将 Name 属性设置为 Simple GUI,将 Tag 属

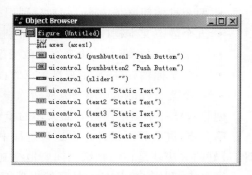

图 7-5-5　查看已添加的对象属性

性设置为 simpleGui。

　　然后双击控件对象浏览器中的 uicontrol(pushbutton1 "Push Button")，这时将打开按钮对象的属性查看器，同时，在 GUIDE 的外观编辑器中，可以看到画布上的第一个按钮被选中了。这时，需要将该按钮的 String 属性设置为 Draw，将 Tag 属性设置为 btnDraw，以此类推，分别将其他的控件设置为如下属性：

　　① 第二个按钮。

　　String：Change Color。

　　Tag：btnChangeColor。

　　② 静态文本框 1。

　　String：Color。

　　③ 静态文本框 2。

　　String：Red。

　　Tag：txtRed。

　　HorizontalAlignment：left。

　　④ 静态文本框 3。

　　String：Green。

　　Tag：txtGreen。

　　HorizontalAlignment：left。

　　⑤ 静态文本框 4。

　　String：Blue。

　　Tag：txtBlue。

　　HorizontalAlignment：left。

　　⑥ 静态文本框 5。

　　String：Edge Color。

　　⑦ 滚动条。

　　Tag：sliderEdgeColor。

　　注意：在设置图形界面对象的 Tag 属性时，建议按照如下格式进行设置：objectstyleObject Function，即使用表示对象类型的字符串作为 Tag 属性的前缀，这样在编写控件回调函数时，能够直接从控件的名称上判断控件的类型，便于程序的管理和维护。

　　再次激活图形界面，观察图形界面效果。

　　3. 编写回调函数

　　MATLAB 图形用户界面控件的回调函数，是指在界面控件被选中的时候，响应动作的 M 语言函数。在回调函数中，一般需要完成如下功能：

　　获取发出动作的对象句柄。

　　根据发出的动作，设置影响的对象属性。

　　例如，在单击 Draw 按钮之后，首先需要在回调函数中获取发生对象句柄，一般这一步骤都是由 MATLAB 背后的工作机制来完成的，然后设置相应对象的属性——在坐标轴上绘制相应的曲线或者图形对象，这一步骤需要用户编写具体的代码来实现。GUIDE 会为用户创建一个 M 回调函数文件的构架，一般来说，不需要用户自己来获取发生事件的控件对象,构架文件将自动处理并将相应的句柄传递到函数中。

为了能够创建 M 构架文件,还需要执行 Tools 菜单下的 GUI Option 命令,在弹出的对话框中,选择 Generate FIG-file and M-file 单选框,一般在激活界面的同时,执行相应的 M 函数文件。

图形界面的 M 语言函数文件将为不同的控件分别创建至少一个函数,这些函数作为图形用户界面应用程序的子函数存在,请仔细观察由 GUIDE 创建的 M 函数文件,也可以直接编辑本章的例子观察 M 函数文件的内容。

其中的子函数是分别用来响应用户的动作输入,完成相应功能的 GUI 控件回调子函数。在这里首先编写 Draw 按钮的回调函数。在 M 文件中找到函数 btnDraw_Callback,并且添加相应的代码:

```
function btnDraw_Callback(hObject, eventdata, handles)
% 绘制三维曲面
hsurfc = surf(peaks(30),'Facecolor', 'blue');
% 保存三维曲面的句柄
handles. hsurface = hsurfc;
guidata(hObject, handles);
```

设置相应的文本显示当前色彩数值:

```
set(handles.txtRed, 'String', ['Red:0']);
set(handles.txtGreen, 'String', ['Green:0']);
set(handles.txtBlue, 'String', ['Blue:0']);
```

在上述代码中,首先绘制了三维曲面,然后将三维曲面的句柄保存在 handles 结构中。最后还设置了相应色彩的文本属性以显示不同的色彩数值。

执行 M 文件,单击 Draw 按钮之后,就可以在坐标轴中观察到程序的输出效果——三维的曲面。

继续修改 M 文件,在不同控件的回调函数中添加代码完成用户界面的功能。Simple GUI 的 M 代码(回调函数部分)如下:

单击 Change Color 按钮的回调函数。

```
001   %  --- Executes on button press in btnChangeColor.
002   function btnChangeColor_Callback(hObject, eventdata, handles)
003   % 修改曲面色彩
004   % 获取曲面的句柄
005   hsurf = handles. hsurface;
006   % hsurf = findobj(gcf,'Type','Surface');
007   % 生成随机的色彩
008   newColor = rand(1,3);
009   % 设置曲面的色彩
010   set(hsurf,'FaceColor',newColor);                    % Set face color of surface
011   % 设置相应的文本显示当前色彩数值
012   set(handles.txtRed,'String',['Red: ' num2str(newColor(1))]);
013   set(handles.txtGreen,'String',['Green: ' num2str(newColor(2))]);
014   set(handles.txtBlue,'String',['Blue: ' num2str(newColor(3))]);
```

创建滚动条的回调函数:

```
001   %  --- Executes during object creation, after setting all properties.
002   function sliderEdgeColor_CreateFcn(hObject, eventdata, handles)
003
004   usewhitebg = 1;
005   if usewhitebg
006        set(hObject,'BackgroundColor',[.9 .9 .9]);
007   else
008        set(hObject,'BackgroundColor',get(0,'defaultUicontrolBackgroundColor'));
```

滚动条的回调函数：

```
001   %  --- Executes on slider movement.
002   function sliderEdgeColor_Callback(hObject, eventdata, handles)
003   % 修改曲面的边缘色彩
004   % 获取对象句柄
005   hsurf = handles.hsurface;
006   % hsurf = findobj(gcf,'Type','Surface');        % Get handle to surface
007   % 获取滚动条当前的数值
008   newRed = get(hObject,'Value');                  % Get new color from slider
009   % 设置新的色彩数值
010   currentColor = rand(1,3);                       % Assign value to first element of HSV
011   currentColor(1) = newRed;
012   % 设置色彩属性
013   set(hsurf,'EdgeColor',currentColor);
```

菜单命令的回调函数：

```
001   % ----------------------------------------------------------------
002   function CleartheAxes_Callback(hObject, eventdata, handles)
003
004   % ----------------------------------------------------------------
005   function ClearAxesDone_Callback(hObject, eventdata, handles)
006   % 清除当前的坐标轴内容
007   cla
```

现在图形用户界面的应用程序编写完毕，可以运行该 M 文件并且检测相应的功能。

四、思考题

使用 GUIDE 完成正弦波绘图程序，在界面上输入振幅、频率和初始相位，单击画图按钮后查看能否显示相应波形。

实验六

数字信号的频谱分析

一、实验目的

1. 掌握用傅里叶变换进行信号分析时基本参数的选择。
2. 理解离散时间傅里叶变换和有限长度离散傅里叶变换的异同。
3. 掌握获得一个高密度频谱和高分辨率频谱的概念和方法,建立频率分辨率和时间分辨率的概念为时频分析(如小波)的学习和研究打下基础。

二、实验原理

1. 非周期离散时间信号的傅里叶变换

离散时间信号的傅里叶变换公式为:

$$X(\omega) = \sum_{n=-\infty}^{\infty} x[n] e^{-j\omega n} \tag{1}$$

$$x[n] = \frac{1}{2\pi} \int_{-\pi}^{\pi} X(\omega) e^{j\omega n} d\omega \tag{2}$$

与连续时间傅里叶变换类似,离散时间傅里叶变换也具有很多性质,如线性、奇偶性、对称性、尺度变换、时移特性、频移特性、卷积定理、时域微分和积分、频域微分和积分、能量谱和功率谱等。

对离散时间信号的频谱分析,可以用离散时间傅里叶变换(Discrete Time Fourier Transform,DTFT)。DTFT 使我们能够分析信号的频谱和离散系统的频率响应特性,但对于 DTFT 仍然存在两个实际问题。数字域频率是一个连续变量,不利于用计算机进行计算。为了便于用数字的方法进行离散时间信号与系统的频域分析和处理,仅仅在时间域进行离散化还不够,还必须在频谱进行离散化。数字化方法处理的序列只能为有限长的,所以,要专门讨论有限长序列的频谱分析问题。MATLAB 也没有直接提供计算 DTFT 的函数,但我们可以借助 fft 和 ifft 函数进行换算。

2. 离散傅里叶变换与快速傅里叶变换

离散傅里叶变换(Discrete Fourier Transform,DFT)是对有限长序列 $x[n]$(其中 $0 \leqslant n \leqslant N-1$)定义的一种变换,注意不要混淆离散傅里叶变换 DFT 和离散时间傅里叶变换 DTFT。DTFT 是对任意序列的傅里叶变换,它的频谱是一个连续函数,而 DFT 是对有限长序列的离散傅里叶变换,DFT 的特点是无论在时域还是在频谱都是离散的,而且都是有限长的,即:

$$X[k] = \text{DFT}(x[n]) = \sum_{n=0}^{N-1} x[n] \mathrm{e}^{-\mathrm{j}\left(\frac{2\pi}{N}\right)kn}, \quad 0 \leqslant k \leqslant N-1 \tag{3}$$

可以推导出:

$$x[n] = \text{IDFT}(X[k]) = \frac{1}{N} \sum_{n=0}^{N-1} X[k] \mathrm{e}^{\mathrm{j}\left(\frac{2\pi}{N}\right)kn}, \quad 0 \leqslant n \leqslant N-1 \tag{4}$$

其中,DFT 表示离散傅里叶正变换,IDFT 表示离散傅里叶逆变换。由于变换式在时域和频域都是离散的,因而适合于计算机编程计算。但通过计算式可以看出,当求一个 N 点的 DFT 时,需要 N^2 次复数乘法运算与 $N(N-1)$ 次复数加法运算,当 N 很大时,计算量是较大的,因此降低了 DFT 的实用性。

FFT(Fast Fourier Transform)是 DFT 的一种快速算法,使得 DFT 得到了广泛的应用。FFT 不是一种新的变换,而仅是 DFT 的快速算法。MATLAB 信号处理工具箱也提供了相应的函数进行运算,离散傅里叶正变换采用 fft 函数,离散傅里叶逆变换采用 iff 函数。fft 调用格式为:

```
Xk = fft(x)
```

表示计算信号 x 的快速傅里叶变换 Xk。当 x 为矩阵式,计算 x 中每一列信号的傅里叶变换。

```
Xk = fft(x,N)
```

表示计算信号 x 的 N 点快速傅里叶变换。

ifft 的调用格式为:

```
xn = ifft(Xk)
```

表示计算 Xk 的快速傅里叶逆变换 xn,当 Xk 为矩阵时,计算 Xk 中每一列逆变换。

```
xn = ifft(Xk,N)
```

表示计算信号 x 的 N 点快速傅里叶逆变换。

此外,MATLAB 提供的 fftshift 函数可以 fftshift 移动零频点到频谱中间,重新排列 fft 的输出结果,将零频点放到频谱的中间便于观察傅里叶变换。其调用格式为:

```
X = fftshift(Xk)
```

三、实验要求

1. 离散信号的频谱分析

设信号

$$x(n) = 0.001 \times \cos(0.5n\pi) + \sin(0.2n\pi) + \sin(0.202n\pi + \pi/4)$$

为三个正弦信号之和,其中信号 0.2π 和 0.202π 两根谱线相距很近,谱线 0.5π 幅度很小,请选择合适的序列长度 N 和窗函数,用 DFT 分析其频谱,要求得到清楚的三个谱线。

2. DTMF 信号的频谱分析

用计算机声卡采集一段通信系统中电话多音双频(DTMF)拨号数字 0~9 的数据,采用快速傅里叶变换(FFT)分析这 10 个号码 DTMF 拨号时的频谱。

四、实验步骤

1. 输入离散信号的频谱分析代码

```
clear;                                          % 清内存
N = 1000;
n = 0:N - 1;
xn = 0.001 * cos(0.5 * n * pi) + sin(0.2 * n * pi) + sin(0.202 * n * pi + pi/4);
                                                % 生成含有 1000 个元素的信号序列
yn = fft(xn, N);                                % 快速傅里叶变换
stem(2 * n/N,log(abs(yn) + 1), 'b');            % 求模,作脉冲图
axis([0.1, 0.6, -1,10]);                        % 限制坐标范围
title('FFT 频谱分析');                           % 标题
```

2. DTMF 信号的频谱分析代码

```
clear;
tm = [1,2,3,65;4,5,6,66;7,8,9,67;42,0,35,68];   % DTMF 信号代表的 16 个数(ASCII 码)
N = 205;
f1 = [697,770,852,941];
f2 = [1209,1336,1477,1633];
TN = input('键入 1 位 0 - 9 的数字 = ');
for p = 1:4
    for q = 1:4
        if tm(p,q) == abs(TN),break,end         % 查找对应行列号
    end
end
n = 0:1023;
x = sin(2 * pi * n * f1(p)/8000) + sin(2 * pi * n * f2(p)/8000);    % 生成双音信号
X = abs(fft(x',1024));
y = sort(X);
for i = 1:1024
```

```
        if X(i)< = y(1020), X(i) = 0,end          % 只保留 4 个值,其余置 0
    end
    x = [1:512]./512 * 4000;                        % 频率范围
    X = X(1:512);                                    % FFT 频率对称,只取前半段
    fo = [];
    for i = 1:512
        if X(i) ～ = 0, fo = [fo i],end             % 找到频点位置
    end
    fo = round(fo * 8000/1024);                     % 换算成实际频率
    stem(x,X);
    wucha = (fo - [f1(p),f2(q)])./[f1(p),f2(q)] * 100;
    disp(['频率误差:','[',num2str(wucha),']','%']);
    text(2000,350,['所拨打的号码',int2str(TN)])
    text(2000,300,['检测到的频率',int2str(fo)])
    text(2000,250,['查表所得频率',int2str([f1(p), f2(q)])])
    title('DTMF 频谱分析与误差', 'color', 'r');
    disp(['检测频率为:',num2str(fo)]);
```

五、思考题

1. 离散信号的频谱分析时应注意哪些问题？
2. DTMF 信号的频谱分析中为什么会有误差？

实验七

FIR数字滤波器设计与实现

一、实验目的

1. 掌握 FIR 数字滤波器窗口设计法的原理与设计步骤。
2. 不同类型窗函数对滤波效果的影响，以及窗函数和长度 N 的选择。

二、实验原理

在数字信号处理中，由于信号中经常混有各种复杂成分，所以很多信号分析都是基于滤波器而进行的，因此数字滤波器占有极其重要的地位。数字滤波器是具有一定传输选择特性的数字信号处理装置，其输入与输出均为数字信号，实质上是一个由有限精度算法实现的线性时不变离散系统。它的基本工作原理是利用离散系统特性对系统输入信号进行加工和变换，改变输入序列的频谱或信号波形，让有用频率的信号分量通过，抑制无用的信号分量输出。数字滤波器和模拟滤波器有着相同的滤波概念，根据其频率响应特性可分为低通、高通、带通、带阻等类型。与模拟滤波器相比，数字滤波器除了具有数字信号处理固有优点外，还有滤波精度高、稳定性好、灵活性强等优点。FIR 滤波器可以得到严格的线性相位，但它的传递函数的极点固定在原点，只能通过改变零点位置来改变性能，为了达到高的选择性，必须用较高的阶数，对于同样的滤波器设计指标，FIR 滤波器要求的阶数可能比 IIR 滤波器高 5～10 倍。

由于 FIR 数字滤波器具有严格的相位特性，对于信号处理和数据传输是很重要的。目前 FIR 滤波器的设计方法主要有三种：窗函数法、频率抽样法和优化设计（切比雪夫逼近）方法。

窗函数设计法又称为傅里叶级数法。这种方法首先给出 $H(j\Omega)$，$H(j\Omega)$ 表示要逼近的

理想滤波器的频率响应,则由 IDTFT 可得出滤波器的单位脉冲响应为:

$$h_d[k] = \frac{1}{2\pi}\int_{-\pi}^{\pi} H_d(e^{j\Omega}) e^{jk\Omega} \, d\Omega$$

由于是理想滤波器,故 $h_d[k]$ 是无限长序列。但是对于我们所要设计的 FIR 滤波器,其 $h[k]$ 是有限长的。为了能用 FIR 滤波器近似理想滤波器,需将理想滤波器的无限长单位脉冲响应 $h_d[k]$ 分别从左右进行截断。当截断后的单位脉冲响应 $h_d[k]$ 不是因果系统的时候,可将其右移从而获得因果的 FIR 滤波器。

数字信号处理的主要数学工具是傅里叶变换。应注意,傅里叶变换是研究整个时间域和频率域的关系。然而,当运用计算机实现工程测试信号处理时,不可能对无限长的信号进行测量和运算,而是取其有限的时间片段进行分析。具体做法是从信号中截取一个时间片段,然后用观察的信号时间片段进行周期延拓处理,得到虚拟的无限长的信号,如图 7-7-1 所示,然后就可以对信号进行傅里叶变换、相关分析等数学处理。

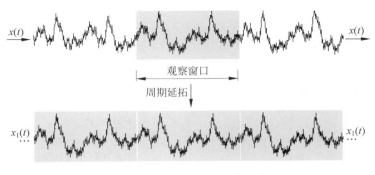

图 7-7-1　傅里叶变换周期延拓

信号截断以后产生的能量泄漏现象是必然的,因为窗函数 $\omega(t)$ 是一个频带无限的函数,所以即使原信号 $x(t)$ 是限带宽信号,而在截断以后也必然成为无限带宽的函数,即信号在频域的能量与分布被扩展了。又从采样定理可知,无论采样频率多高,只要信号一经截断,就不可避免地引起混叠,因此信号截断必然导致一些误差,这是信号分析中不容忽视的问题。

如果增大截断长度 T,即矩形窗口加宽,则窗谱 $W(\omega)$ 将被压缩变窄(π/T 减小)。虽然从理论上讲,其频谱范围仍为无限宽,但实际上中心频率以外的频率分量衰减较快,因而泄漏误差将减小。当窗口宽度 T 趋于无穷大时,则谱窗 $W(\omega)$ 将变为 $\delta(\omega)$ 函数,而 $\delta(\omega)$ 与 $X(\omega)$ 的卷积仍为 $X(\omega)$,这说明,如果窗口无限宽,即不截断,就不存在泄漏误差。

为了减少频谱能量泄漏,可采用不同的截取函数对信号进行截断,截断函数称为窗函数,简称为窗。泄漏与窗函数频谱的两侧旁瓣有关,如果两侧瓣的高度趋于零,而使能量相对集中在主瓣,就可以较为接近于真实的频谱,为此,在时间域中可采用不同的窗函数来截断信号。

Gibbs 现象就是理想滤波器的单位脉冲响应 $h_d[k]$ 截断获得的 FIR 滤波器的幅度函数 $A(\Omega)$ 在通带和阻带都呈现出振荡现象。随着滤波器阶数的增加,幅度函数在通带和阻带振荡的波纹数量也随之增加,波纹的宽度随之减小,然而通带和阻带最大波纹的幅度与滤波

器的阶数 M 无关。窗函数的主瓣宽度决定了 $H_d(j\Omega)$ 过渡带的宽度,窗函数长度 N 增大,过渡带减小。

常用的窗函数有矩形窗、汉宁窗、海明窗、高斯窗、布莱克曼窗等。

三、实验要求

录制自己的一段声音,(人声)长度约为 45s,采样频率为 32kHz,然后叠加高斯白噪声,使得信噪比为 20dB。采用窗口法设计一个 FIR 带通滤波器,滤除噪声提高质量。

滤波器指标参考:通带边缘频率为 4kHz,阻带边缘频率为 4.5kHz,阻带衰减大于 50dB。

通过耳机、频谱图,分析滤波效果。

四、实验步骤

输入代码并运行调试:

```
clear;                                          % 清内存
[x,fs,nbits] = wavread('voice.wav');
fs = 32000;                                     % 采样频率为32kHz
figure(1);
stem(abs(fft(x)),'.');
title('原信号频率');
sound(x,fs);
pause(length(x)/fs + 0.5);
% 添加高斯白噪声
y = awgn(x,20, 'measured');                      % 添加20dB噪声
figure(2);
stem(abs(fft(y)), '. ');
title('添加白噪声后的信号频谱);
sound(y,fs);
pause(length(x)/fs + 0.5);
% 以下为滤波器设计
A = 0.54;B = 0.46;C = 0;                          % 使用汉明窗
N = ceil(6.6 * pi/(2 * pi * 500/Fs));
t = (N - 1)/2;
n = 0:N - 1;
wn = A - B * cos(2 * pi * n/N) + C * cos(2 * pi * n/N);
hd = sin((n - t) * (2 * pi * 4250/Fs))./((n - t)/pi);
h = wn. * hd;                                    % FIR冲击响应
figure(3);
```

```
stem(abs(fft(h)), '. ');
title('滤波器的频率响应');
% 以下为滤除噪声
z = filter(h,1,y);
figure(4);
stem(abs(fft(z)), '. ');
title('经过低通滤波器后的频谱');
sound(z,fs);
```

五、思考题

1. Gibbs 效应发生的原因和影响。
2. FIR 和 IIR 滤波器对比分析。

图 书 资 源 支 持

感谢您一直以来对清华大学出版社图书的支持和爱护。为了配合本书的使用，本书提供配套的资源，有需求的读者请扫描下方的"书圈"微信公众号二维码，在图书专区下载，也可以拨打电话或发送电子邮件咨询。

如果您在使用本书的过程中遇到了什么问题，或者有相关图书出版计划，也请您发邮件告诉我们，以便我们更好地为您服务。

我们的联系方式：

地　　址：北京市海淀区双清路学研大厦 A 座 701

邮　　编：100084

电　　话：010-83470236　010-83470237

资源下载：http://www.tup.com.cn

客服邮箱：2301891038@qq.com

QQ：2301891038（请写明您的单位和姓名）

科技传播·新书资讯

电子电气科技荟

资料下载·样书申请

书圈

用微信扫一扫右边的二维码,即可关注清华大学出版社公众号。